わがこころの犬たち

—セラピードッグを目指す被災犬たち—

大木トオル

ブルース（左）、ピース（中）、ブギー（右）、3匹は被災地の様子から自分たちの役割をすぐ理解しました。

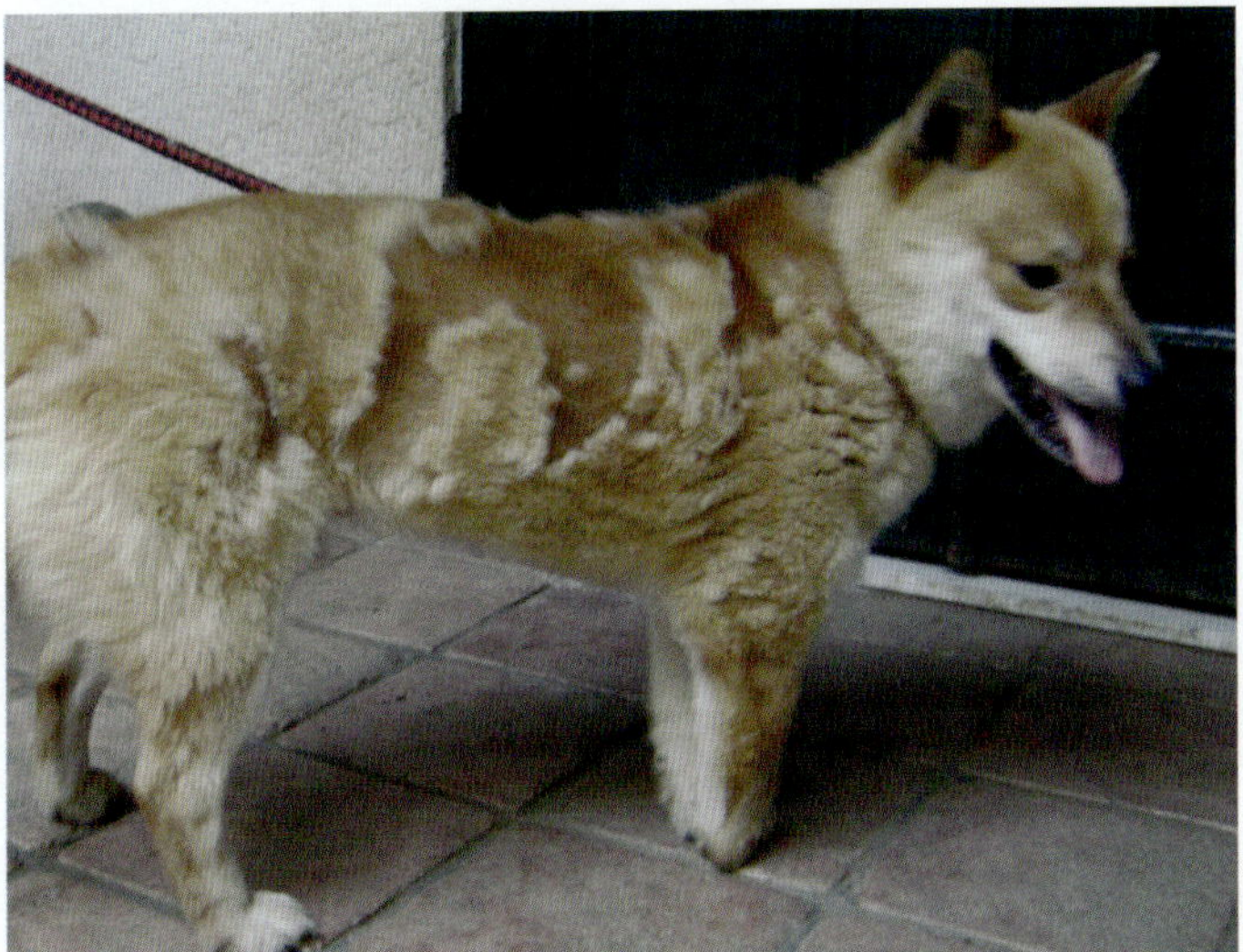
トラバサミにより右前足を失ったムサシ。

殺処分の近づいた被災犬たちを救出。

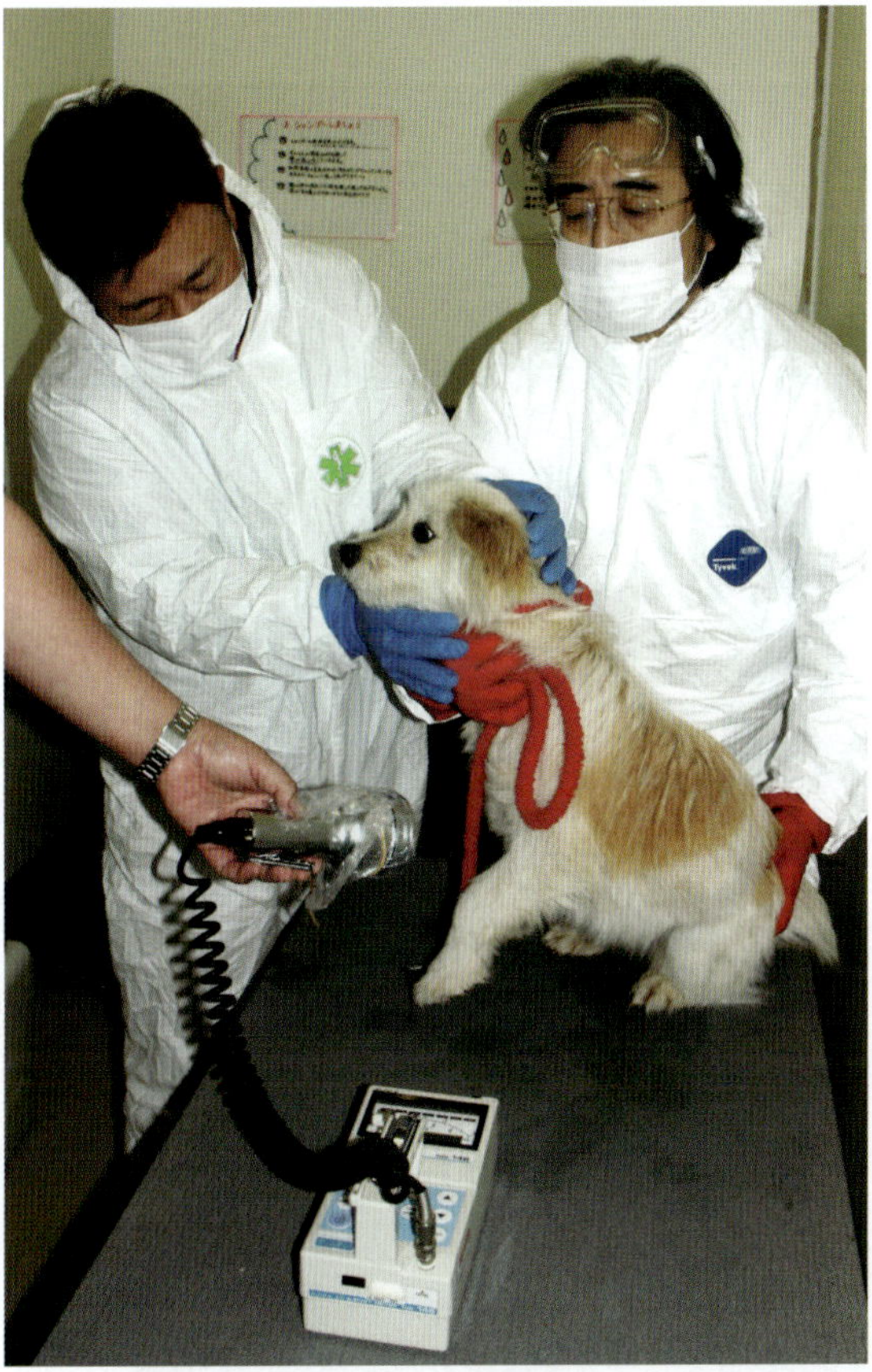
シャンプー後にスクリーニングをして放射能汚染をチェックします。

被災後、野犬として生まれ栄養失調の状態で救出されました。4ヶ月間ケージの中で過ごしたため骨格が変形し、歩行困難でした。

ボランティアのみなさんの献身的な活動で命を救われた被災犬たち。

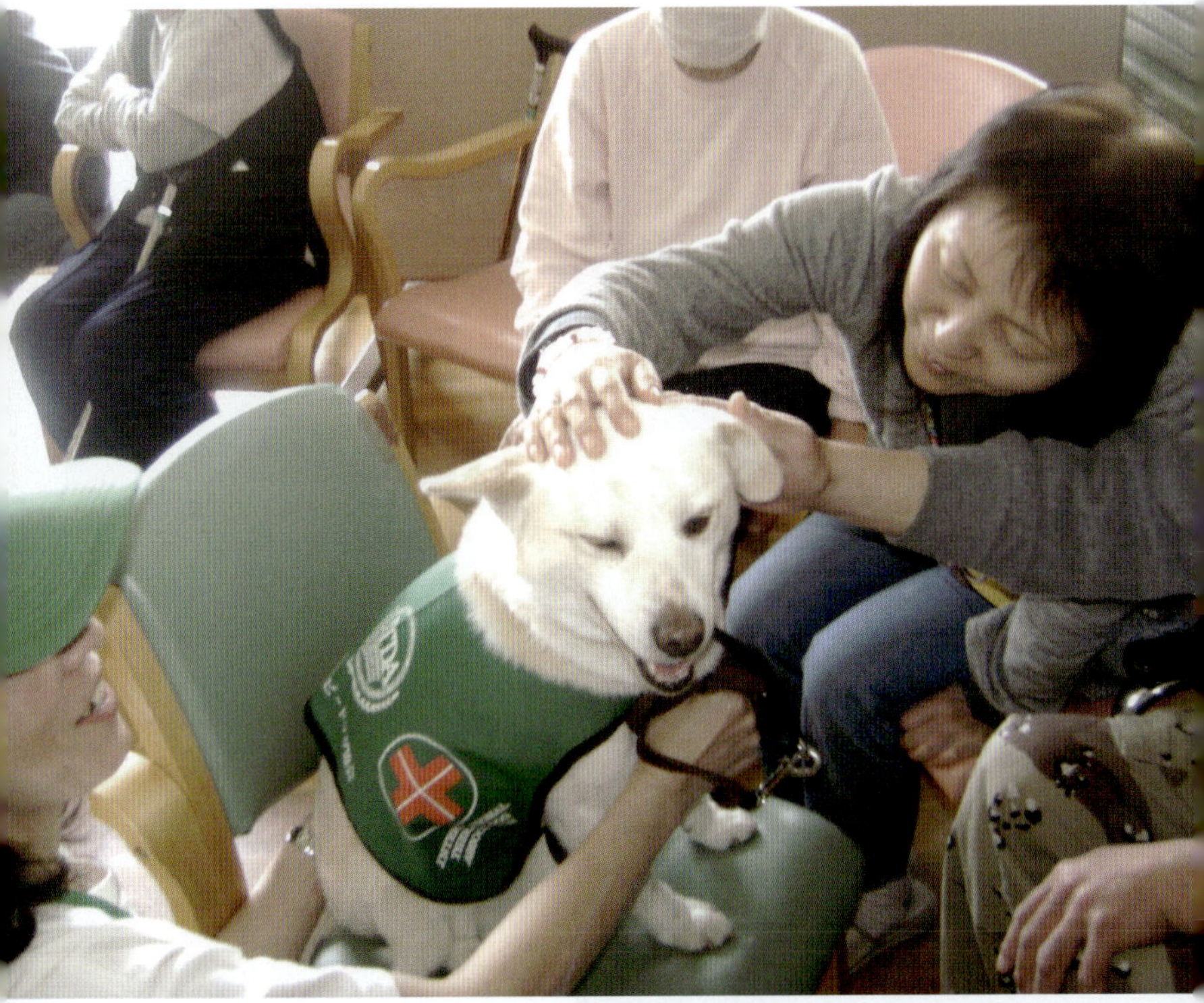

セラピー活動。つらい思いや悲しみを、犬たちとふれあうことで一瞬の間でも忘れることができます（女川町）。

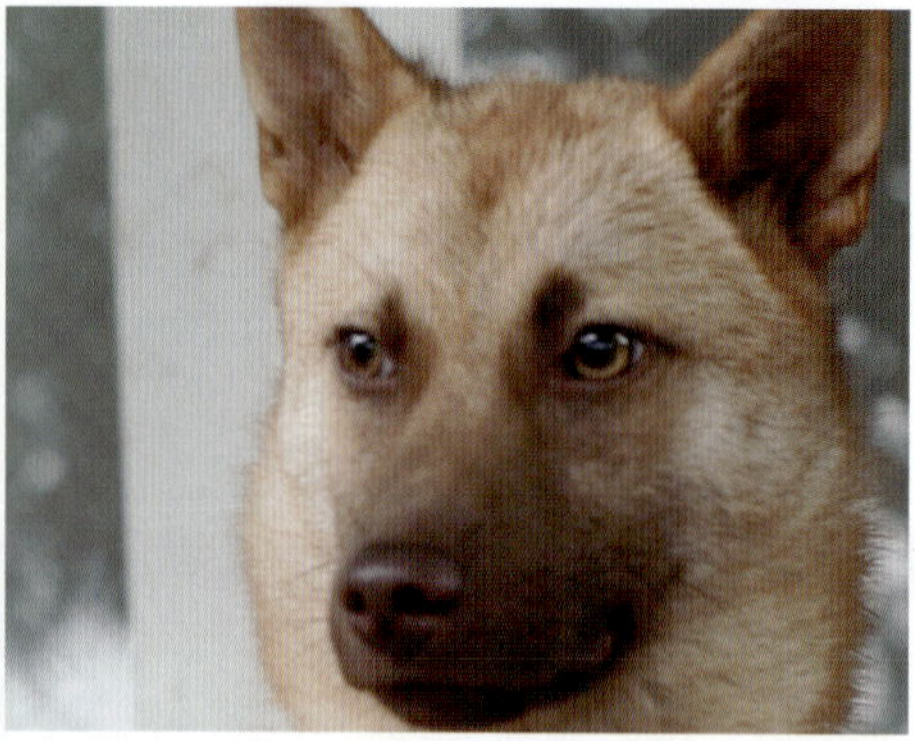

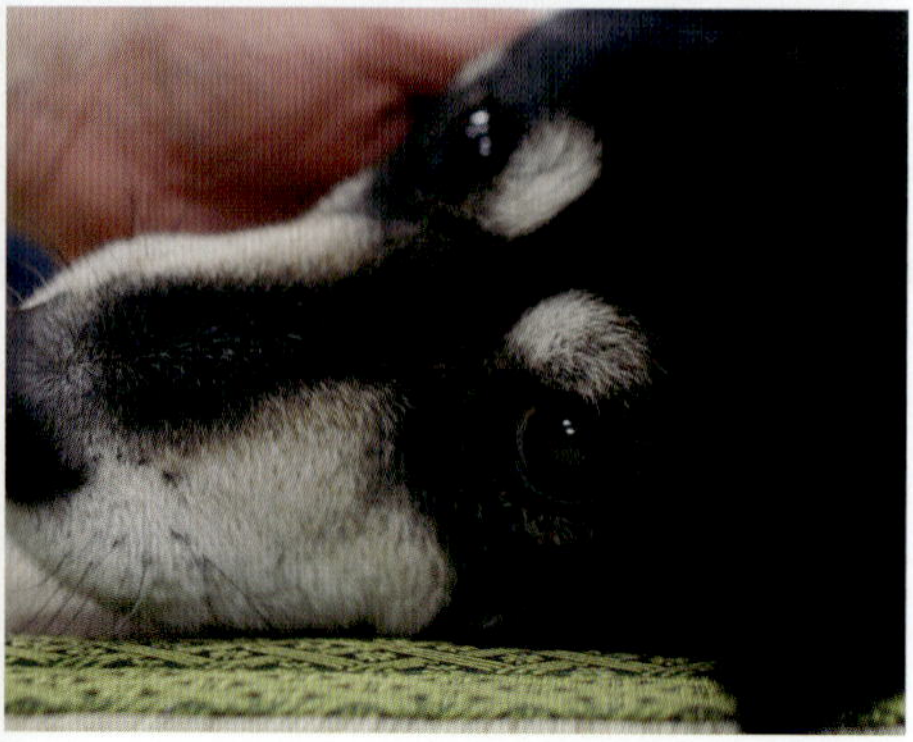

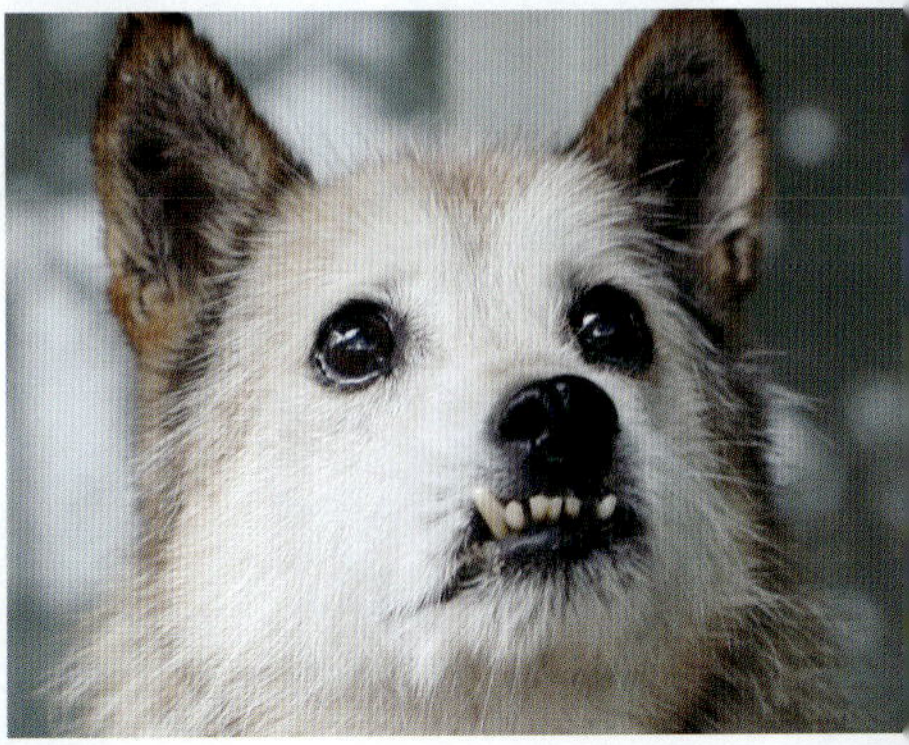

相馬市の仮設住宅集会所でのセラピー活動。

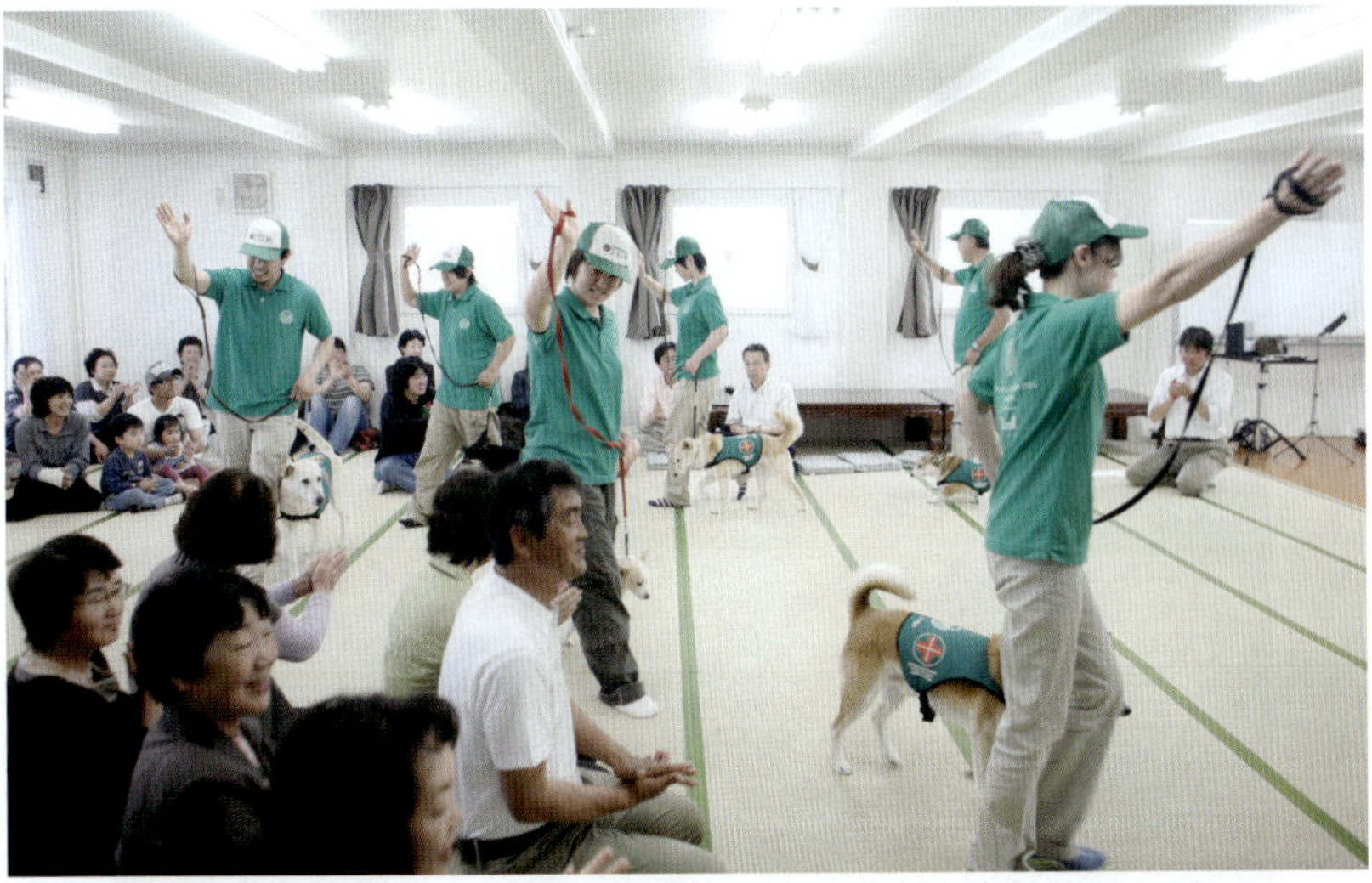

犬たちの気配りに満ちたふるまいに、みなさんから驚きの声があがります。

ここで何をすべきなのか、犬たちはしっかり理解して行動します。

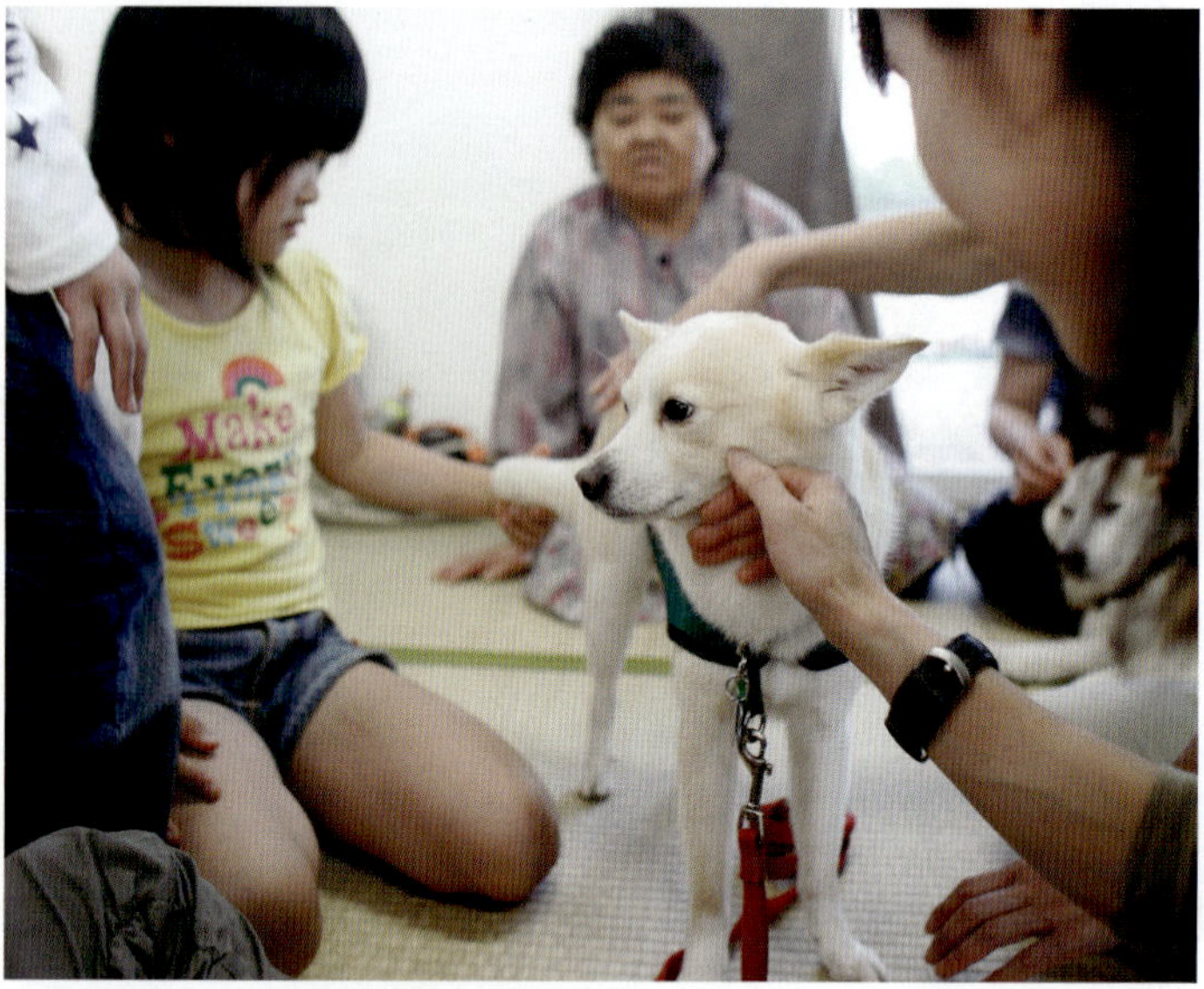

子どもたちは犬とのふれあいを心から楽しんでくれました。

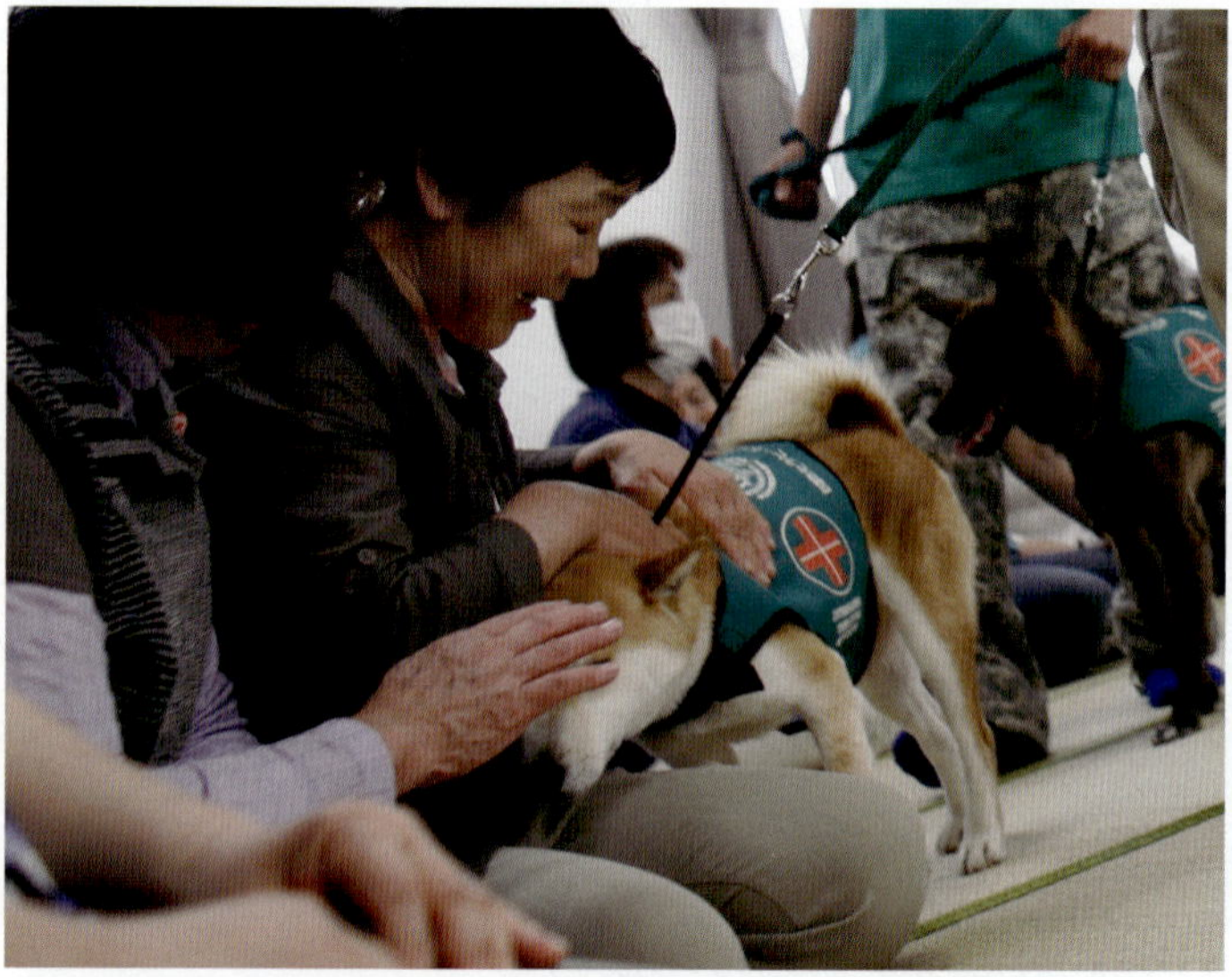

いつもいっしょだった愛犬のことを思い出す方もいらっしゃいます。

ただ、そこにいるだけで悲惨な現実を忘れさせてくれます。

目次

まえがき

いつもの年なら、春の東北地方は桜前線が日いちにちと北上し、1年のなかで最も華やいだ季節になったはずです。しかし、2011年の春、私たちの目の前にあったのは、昨日までの街の姿が跡形もなく消え失せ、うずたかく積まれたガレキの山がどこまでも続く、荒涼とした風景でした。

5月1日、東日本大震災の爪あとが残る宮城県石巻市と女川町に、私たちは入りました。その前日、私は3匹のセラピードッグと3人のハンドラーといっしょに、2台のバスに分乗して東京を後にしました。首都圏を抜け、関東地方から東北地方に進むにしたがい、今回の地震の大きさを知らされることになりました。走るにつれてバスの窓から見える建物の被害はひどさを増し、福島県にたどり着くと、ほとんどの建物がどこかに地震の傷跡を残していました。

さらに私たちは仙台をめざして進みました。仙台は以前来たことがあり、街並みや街のたたずまいも覚えていました。しかし街の様子は一変し、建物ばかりでなく道路もゆがみ、止まっては進み、進んでは止まることをくり返し、なんとか通れる道を探しながら先を急ぎました。しかし、進んだ先にはもっと悲惨な光景が私たちを待ちうけていました。

それは石巻に入ったときでした。建物が壊れたり、道路がゆがんでしまったという通常の地震がもたらした被害ではなく、街全体が巨大なミキサーにかけられ、その中身を地面にぶちまけたように、あちらこちらにガレキの山が点在していたのです。いくら大きくても、地震だけではこのように破壊されるわけがありません。地震の後に発生した巨大な津波が原因です。

あまりの破壊のすさまじさに私は言葉を失い、恐怖を覚えたほどでした。想像を超えた巨大な地震と津波は大きな被害をもたらしましたが、3月11日の地震発生直後から多くの人の協力によって精力的に被災地の救援活動が始まりました。まず、助かった人たちが当面の生活を送る避難所の確保が優先的に行なわれ、私たちが訪れた5月にはポツリポツリと仮設住宅が建ち始めていました。いったん、着の身着のままで避難所に逃れた人たちは、新たに建てられた仮設住宅へと少しずつ移りはじめたところでした。

私たちがめざしたのは、石巻とその先にある女川町でした。セラピードッグたちといっしょに、避難所と仮設住宅に身を寄せているみなさんのケアをするためです。そのころには被災したみなさんが生きるための最低限の生活基盤はできましたが、最愛の家族や友人、住み慣れた家、思い出の詰まった街を一瞬のうちに失い、多くの人の心のなかにぽっかりと空いた穴に、次第に孤独感が入り込み始めていました。

被災地では、日本全国からさまざまな立場の人たちが集まり、支援活動を行なっていました。自衛隊の隊員がガレキの後片付けを行なうとともに、まだ見つかっていない遺体の捜索活動にあたっていました。津波に流されずに残った家も、その多くは半壊したり傾いたり、泥におおわれ水浸しになっていました。しかし気落ちすることなく、ボランティアのみなさんといっしょに、懸命に後片付けをする被災者の姿があちこちに見えました。避難所や仮設住宅では、ボランティアのみなさんが、被災したかたの食事の世話や、困っていることを聞き出しては手助けをしていました。多くの病院や診療所も流されてしまっていましたが、医師や看護師たちが忙しく治療や健康診断にあたっていました。

私たちが訪れたときには、まだふだんの生活からはかけ離れた過酷な状況でしたが、それでも住む場所が一応確保され、食事も十分ではないながらも摂ることができるようになっていました。さしせまっての生命の危険は遠のきましたが、新たな問題も起きてきていました。

それは心のケアの問題でした。

1995年に起きた阪神・淡路大震災のときにも、私はセラピードッグによる被災地への支援を提案しました。しかし、当時はセラピードッグに対する理解がまだ十分でなく、いろいろなしがらみがあって満足な活動ができませんでした。そのため、避難所から仮設住宅に移った後、孤独死や自死をする人が多くでてしまいました。

私にはそのときの経験があり、同じ過ちを繰り返してはいけない、救える命を見過ごしてはいけないという思いがあり、急かれるように被災地に向かったのです。

しかし、そこで私たちは悲惨な光景を目にしました。

震災と津波によって家族とはぐれ、被災地に置き去りにされ、死を待つ動物たちの姿でした。

さらに、過酷な状況で苦しんでいる姿を見ることになります。それは、被曝して捨て去られた福島の動物たちの惨状でした。

第1章

放射能汚染地区に置き去りにされた被災犬を救出

悲惨な状況に立ち向かうセラピードッグ

今回の大震災と津波の被害は阪神・淡路大震災を大きく上回る大災害になりました。被災地に支援にいくタイミングを見計らっていた私たち国際セラピードッグ協会のメンバーは、4月12日に銀座の数寄屋橋交番前で10匹のセラピードッグといっしょに東日本大震災の義援金を募る街頭募金を行いました。街ゆく人たちの被災地支援に対する関心はとても高く、セラピードッグたちの頭をなでながら、「がんばってきてね」「ケガをしないでね」とあたたかい声をかけてくれるとともに、快く募金に協力してくれました。

私たちが訪れた石巻市と女川町は、強烈な地震と巨大な津波によって跡形もなく破壊されていました。廃墟と化した被災現場を前に、私たちはしばらく茫然と立ちすくんでしまいました。いまだかつて見たことも経験したこともない悲惨な風景が広がっているのです。しかし、セラピードッグたち

数寄屋橋交番前での街頭募金活動

は、ここで何が起きたのか、ここにいる人々がいまどんな状況に置かれているのか、そして自分たちが何をしなくてはならないのか、一瞬で理解したようです。

いつも感心することですが、彼らは「いま何が起きていて、何をすべきか」を瞬間的に判断する驚くべき能力を持っているのです。彼らは、捨て犬として、毎日、他の犬や人間などの外敵から必死に自らの身を守るために、身の回りに起きていることを正確に理解し、一番確実な方法ですばやく対処しなくてはなりませんでした。そうしているうちに、自然と優れた判断力が磨かれたのでしょう。小さな後ろ姿ですが、私には3匹のセラピードッグがとても頼もしく見えました。

正直なところ、この悲惨な状況を前に、私と3匹のセラピードッグと3人のハンドラーにできることは少ないかもしれません。でも、あまりにひどい被害の状況を前にして、なんとか全力を尽くして少しでもお役に立ちたい、持てる力を出し尽くすまで被災地を回ってケアしたい、という思いがこみあげてきました。無力感にさいなまれているひまなどありません。私は「犬たちを前に出して、笑顔でいこう！」とみんなに声をかけました。

これだけの被害をもたらしたのですから、今回の東日本大震災の支援活動は長期にわたると私たちは覚悟を決めました。そして高齢者の方々のケア、避難所や仮設住宅の訪問、孤独死の防止、被災犬の保護、この４つを被災地で果たすべき役割だと考えました。まず今回は最初の活動ですから、緊急度が高く、すぐにできることから行なおうと、高齢者の方がたのケアと避難所や仮設住宅の訪問を行ないました。

心が通い合うと、生きる勇気がわいてきます。やさしいまなざしが心を開かせてくれます。

被災者と絆を結ぶセラピードッグ

私たちが最初に訪れたのは、避難所となっている女川町被災地域福祉センター福祉避難所でした。セラピードッグが来るのを今か今かと心待ちにしていた高齢者や身体の不自由な方たちは、私たちを心から歓迎してくれました。

みなさん、それまでつらい思いやさみしい気持ち、さらにはたくさんのストレスをかかえていたのでしょう、到着するや否やセラピードックたちの頭をなでたり、話しかけたり、笑顔で接してくれました。なかには、楽しそうにセラピードッグを抱きしめたり、「毎日、ガレキを見て悲しい思いをしてきましたが、犬のあたたかさにすっかりいやされました」と涙を流しながら話してくれるおばあさんもいました。

震災前まではペットや家畜を飼っていた方も多かったのでしょう。しかし、当時、避難所や仮設住宅には動物を連れてくることはできません。別れて暮らさざるを得ないのです。いまは離ればなれになっている愛犬の写真をにぎりしめて、セラピードッグにその面影を求めて話しかける方もいます。預けるあてのない方は、愛犬といっしょに避難所を離れ、寒さのなか、やむなくクルマに寝起きしている人も何人かいました。

ある人は、飼っていたペットのことを思い出したのか、「おばあちゃんもがんばるから、またきてね」と泣きながら話してくれました。しかし、被災地のみなさんは家族や友人、近所の人を亡くして悲しみのどん底に突き落とされながらも、毎日がんばって生きています。そのかたがたに、私たちはこれ以上「がんばって！」とは、とても言えませんでした。すでに十分すぎるほどがんばっているのですから。

私たちにできることは、セラピードッグと接することで少しでもやすらぎを覚え、くつろぎを感じていただければというささやかなものでした。そして、「また必ずお会いしましょう」と約束することです。

「また来てね」「待っていますよ」と応えてくださった方は、次に犬たちと会える日を楽しみにしてくれます。それはセラピードッグとの間に結ばれた絆であり、小さな希望かもしれません。しかし、ささやかなことですが、それが生きる支えになると私たちは信じています。

被災地でのセラピードッグと私たちの活動は、いつもとは少し違います。なぜかというと、被災されたかたは精神的に大きなダメージを受けた直後だということです。なかにはさらに肉体的にもダメージを受けた方もいます。

私たちが訪れたときには、電気、水道、電話、道路などの生活していくうえで不可欠の設備がすべて破壊された状況でした。電気がきていませんから、陽が落ちて夜になると辺りは暗闇につつまれてしまい、もう活動はできません。人が置かれるであろう究極の厳しい状況、もっとも過酷な現実がそこにあります。

しかし、セラピードッグたちは、この極限状態の厳しさを理解して、立ち向かいました。犬たちは、どうしてセラピードッグとして被災者のみなさんの心に力をあたえ、なぐさめたりすることができるのでしょうか。

震災で最愛の家族や親戚、友人、住み慣れた家や街を一瞬にして失った被災者のみなさんの心のなかには、暗く大きな穴が開いてしまいました。震災直後にはまず自分が命を失わないように気をしっかり持ち、毎日のようにおそってくる余震に備えたり、明日の生活の確保に忙しかったり、気持ちをゆるめる暇はありません。常に気が張っている状態が続いています。

しかし、次第に落ち着きを取り戻すにつれ、巨大な地震や津波に襲われた場面を思い出したり、最愛の人を亡くしながらなぜ自分が生き延びているのかと罪の意識にさいなまれたりすることもあります。食べるものや住まいの心配がなくなっても、心に開いた穴は簡単には埋めることができないのです。阪神・淡路大震災のときにも、震災後しばらくしてから、孤独に耐えきれずに自死を選んだり、仮設住宅で孤独死したりする現実がありました。

このように、被災直後は、次にくる危険に備えたり、さしあたって自分はどうやって生きていかなくてはならないか、さまざまなことを考えたり、忙しさのなかに悲しい思いもまぎれることもあります。しかし、ひとりになって、家を失い、家族との絆が切れ、愛犬とも別れ、地域とのつながりもなくしたことに気がついて、心が折れてしまいそうになることが

震災直後、石巻市の仮設住宅前にて。

あります。人間が無力になったときに支えてくれるのは、無償の愛情です。セラピードッグは、子どもの純真な心に成熟した判断力と人を救う能力を持っています。彼らの愛情は人間のようにぶれることはありません。いつでも、どんなときでも、まっすぐ相手の心に向かいます。

被災して、どんなに整った設備の仮設住宅に入ったとしても、家族や地域との絆を断ち切られた人たちは、不安にさいなまれ、絶望におちいりがちです。どんなに強がっても、ひとりでは生きていけないのもまた人間なのです。言葉のない、無償のセラピードッグの愛情に、被災した方がたは心を開いていきます。

放射能汚染地区に置き去りにされた動物たち

人の心や病気をケアするように訓練されたセラピードッグは、私たちといっしょに東京から被災地に入りました。

では、初めから被災地で飼われていた犬たちはどうしているのでしょうか。今回の東日本大震災で家をなくして避難した方は30万人以上にのぼります。犬や猫など、被災したペットの数も、おそらく10万匹を超えるでしょう。命を落とした動物たち、そして家族の手元に戻ったり、新しい家族にもらわれたりしたケースもあるでしょう。保護された犬たちにしても、いつまでたっても家族が現れないというケースが多々あります。

それは、

・津波によって家族が亡くなってしまった。

・遠い所に避難していて、情報もなく、なかなか犬の捜索まで手が回らな

被災地女川町の避難所にて。

い。

・避難先がペットを連れていける場所ではなく、探すことをあきらめてしまっている。

・いなくなった犬を探すために、保健所などへ問い合わせをするということはない。

などのことが考えられます。

なかでも、避難所や仮設住宅では当時、ペットと暮らすことが許されず、泣く泣く手放さざるをえなくなった方も多いのです。私たちが避難所を訪れたときも、障がいを持っている男性の方が、ふだん家族の一員としてかわいがっている愛犬と離れて暮らしていました。最愛の家族と別れて暮らさざるをえない状況に陥り、そのうえその消息を知ることもままならない状態は確かにつらいと思います。

高齢者のなかには、ひとり暮らしの生活のなかでいつも話し相手になっていた愛犬を人に預けてしまい、いつ会えるのか、再会を楽しみにしている方もいました。言葉のはしばしに愛犬に会いたいという思いが感じられました。確かにペットを飼っていない人にとっては、泣き声やにおいが気になるかもしれません。しかし、ペットといっしょに暮らしてきた方には、すでに家族の一員であり、最愛の友なのです。

私たちは、この東日本大震災の被災地では、道路や住むところが確保された段階で、被災した人と犬の両方を支えようと考えています。先にお話ししましたように、仮設住宅に移られたみなさんの心のケアをして、孤独死や自死を防ぐことがひとつ。これは、今後、長期にわたって根気強く取り組んでいかなくてはならない問題です。もうひとつは、飼い主と離ればなれになってしまった被災犬の保護です。これは早急に取り組まなくてはならない問題です。飼い主と離ればなれになってしまった被災犬の野犬化と、それにも増して深刻な問題は福島で被曝した犬たちの健康です。

国際セラピードッグ協会のプラザで最初に救出された被災犬を歓迎する
現役セラピードッグたち（両端）。

福島県の場合は、福島第一原子力発電所の事故により、ペットや家畜にとってとても厳しい状況がもたらされました。福島第一原子力発電所から半径20キロメートル以内は、高濃度の放射能汚染区域として指定され、多くのペットや家畜が置き去りにされました。犬だけでも5800匹にのぼるといわれています。そのなかにはすでに野生化してしまった犬もいます。そうなると、もう保護して再び人間といっしょに暮らすことは難しくなります。一刻の猶予もなりません。なるべく多くの動物たちを救出することが人間に課せられた使命です。私たちは許可を得て、すぐに高濃度放射能汚染地区へと救出に向かいました。私たちのできることはわずかですが、まず14匹の被災犬を救出しました。

そのなかの第1陣の4匹は、「がんばろうニッポン」「幸福に」の思いを込め、「日の丸」「幸」「福」「きずな」と名付けました。「日の丸」は捕獲時には青い布製の首輪をしていました。まだ2歳ほどの雄の柴犬です。

野犬となったの母犬から生まれた雌の「幸」と雄の「福」は、姉弟の若犬です。母犬は数年くらい前から見かけられていて、そのころ保健所が捕獲を試みましたが失敗に終わり、それ以来あたりを放浪していました。その間に出産し、このときも雄雌それぞれ2匹ずつ計4匹の子犬を連れていました。

根気強く餌付したことが実を結び、母犬と雄雌1匹ずつを捕獲することができました。母犬は里親にもらわれていくことになりました。2匹の子犬は生後3ヶ月で保護されましたが、人とふれ合う大切な時期を逸してしまったため臆病になり、ケージからほとんど出ません。

その後4ヶ月間抑留中もいっさい外に出ず、せまいゲージの中での厳しい生活となりました。特に「福」は栄養状態が悪かったため足が変形してしまい、救助時は立つことができませんでした。

残った2匹は引き続き、捕獲を試みています。

「きずな」は、山のなかに仕掛けられた鉄柵の捕獲箱に餌を入れたわなにかかった姉妹犬の1匹です。1匹は里親に引き取られましたが、「きずな」は保健所に引き取られ、殺処分にされる寸前に救い出しました。

その他にもゴールデンレトリバーの「チロ太」、雑種の「ゆう」、そしてテリアの「こざくら」を保護することができました。

「チロ太」は、7歳の成犬ですが、残された家族が高齢のため、一緒に暮らすことができなくなりました。「ゆう」は15歳の老犬で、これだけ高齢になると引き取り手は現れません。テリア系の「こざくら」は鶏を襲うキツネなどを捕獲するわなにかかって捕獲されました。

これらの犬たちは、捕獲後すぐに内部被曝、外部被曝の状態を検査し、基準値以上であれば除染してから保護されます。

今回の東日本大震災は、日本人の動物愛護に対する意識を浮かび上がらせることにもなりました。命に危険が迫った場合、日本人は動物もいっしょに連れて逃げるのではなく、まず人間が先に逃げることを考え、動物はその後でという対応をとります。

「飼育」するという発想からは、被災した際には人間が優先されるべきであり、動物は二の次という扱いしか出てこないでしょう。一方「保護」するという発想をすれば、動物は人間と同じように守ってやらなければならない存在になります。まだまだ、日本人の考えのなかには、この「飼育」するという発想が根強く残っているのだと思います。これまで長い間かけて築き上げてきた動物愛護の精神や動物愛護法はいったいなんだったのでしょうか。

今回の東日本大震災で「被災犬」となった犬たちは、通常の「捨て犬」とは違う立場に立たされることになります。つまり、「捨て犬」は飼い主に捨てられたのですから、飼い主から拒絶されたことになります。しかし「被災犬」は家族から捨てられたのではなく、自然の猛威によって家族から無理やり引き離されたのです。犬たちは、人間のように愛情にふんぎりをつけてあきらめるということができないのです。家族に対して愛情をいだき続け、探し続けているのです。ですから、なんとしても犬たちを救い出し、家族のもとに届けなくてはなりません。もし生存しているのであれば……。

さらに地震と津波によって被災し、原子力発電所の爆発で被曝するという二重の災難に教われた犬たちは、この過酷な状況をどのように受け止めているのでしょうか。地震と津波は自然災害ですが、被曝は人災といっていいでしょう。彼らをこのようなめにあわせた人間として、何としても保護する責任があると思います。

また、いったん捕獲した犬たちを保護しきれないからといって、殺処分にすることが始まろうとしています。せっかく助かった命を人の手によって再び殺すことは許されるのでしょうか。これらのさまざまな問題を解決するためにも、彼らが安心して暮らせる最終保護センターを作る必要があります。

いっしょに暮らしていた場所から離ればなれになってしまった犬と家族。犬たちを保護し、その情報を発信し、家族を探し出し、もとに戻してあげたい。一度断ち切られてしまった犬たちと人間との絆を回復させたい。それがかなわないのなら、せめてセラピードッグとして、生きて地元の人たちに貢献させてあげたい、私はそう考えます。

そのために私は土地を探し、「日本被災犬終身保護センター」を建設するための準備を始めました。保護センターは東京を含めた何ヶ所かを計画しています。被災犬の保護と、セラピードッグになるための訓練、その両方を行なわなくてはならないからです。

私は「国際セラピードッグ協会」を運営していますが、今回、犬たちを保護し、訓練する施設を「日本被災犬終身保護センター」と名付けました。それは、今回被災地に入り、「日本」と「日本人」であることを強く意識したからです。

被災した犬たちは、それがジャーマンシェパードやスコッチテリアであっても、日本で生まれ育ったのです。日本の子どもたちなのです。どんな種類の犬であっても、日本の犬として救い、育て、訓練することで、「あなたの国の犬種も、日本で生まれた限り、被災しても日本生まれの犬として立派に生きています」ということを世界に発信していくこと、それがグローバル時代の望ましい人と犬の関係ではないかと思います。

「幸」や「福」のようなもともと野犬だった犬を救ったように、今こそ被災犬を守ることですべての犬の殺処分を止めさせるチャンスではないかと思っています。大きなピンチが大逆転を生むかもしれません。

震災によって追い込まれた命が、日本の教育や政治、心の在り方を検証しているように感じます。「幸」も「福」も、野犬として生まれ育ったため、体形も気性も野犬そのものでした。「近づくとかまれますよ」という周囲の声を振り切って、私はゆっくり近づき、抱き上げることができたのです。その後、ゆっくりと接していく中で、心を開いていくのでした。親愛の情を示してくれたのです。

人に愛情を感じる犬は、将来セラピードッグとして立派に活躍することができます。その光が見えてきたような気がします。これ以上考えられないほどの不幸を背負った犬たちですが、私はりっぱなセラピードッグに育て上げようと思っています。

被災犬の救出

1匹、1匹、放射線の被曝量をくまなく測ります。
内部被曝、外部被曝の両面から放射線量を測定し、
基準値を超えた場合はていねいに除染します。

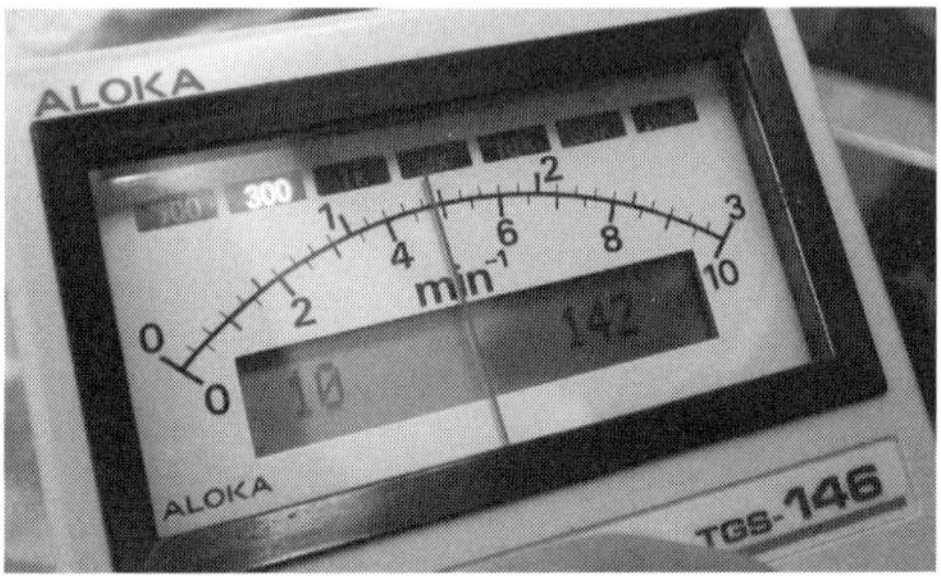

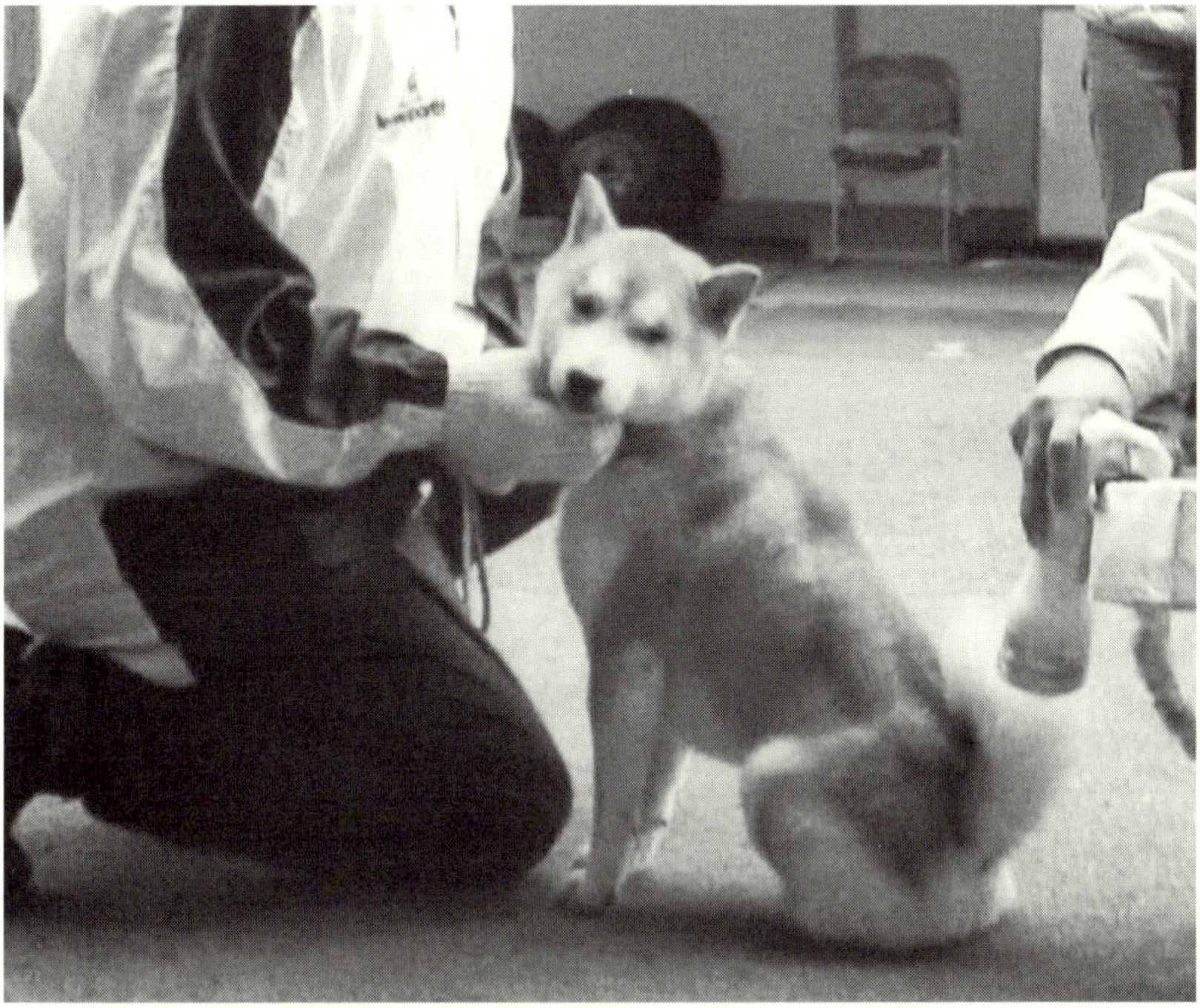

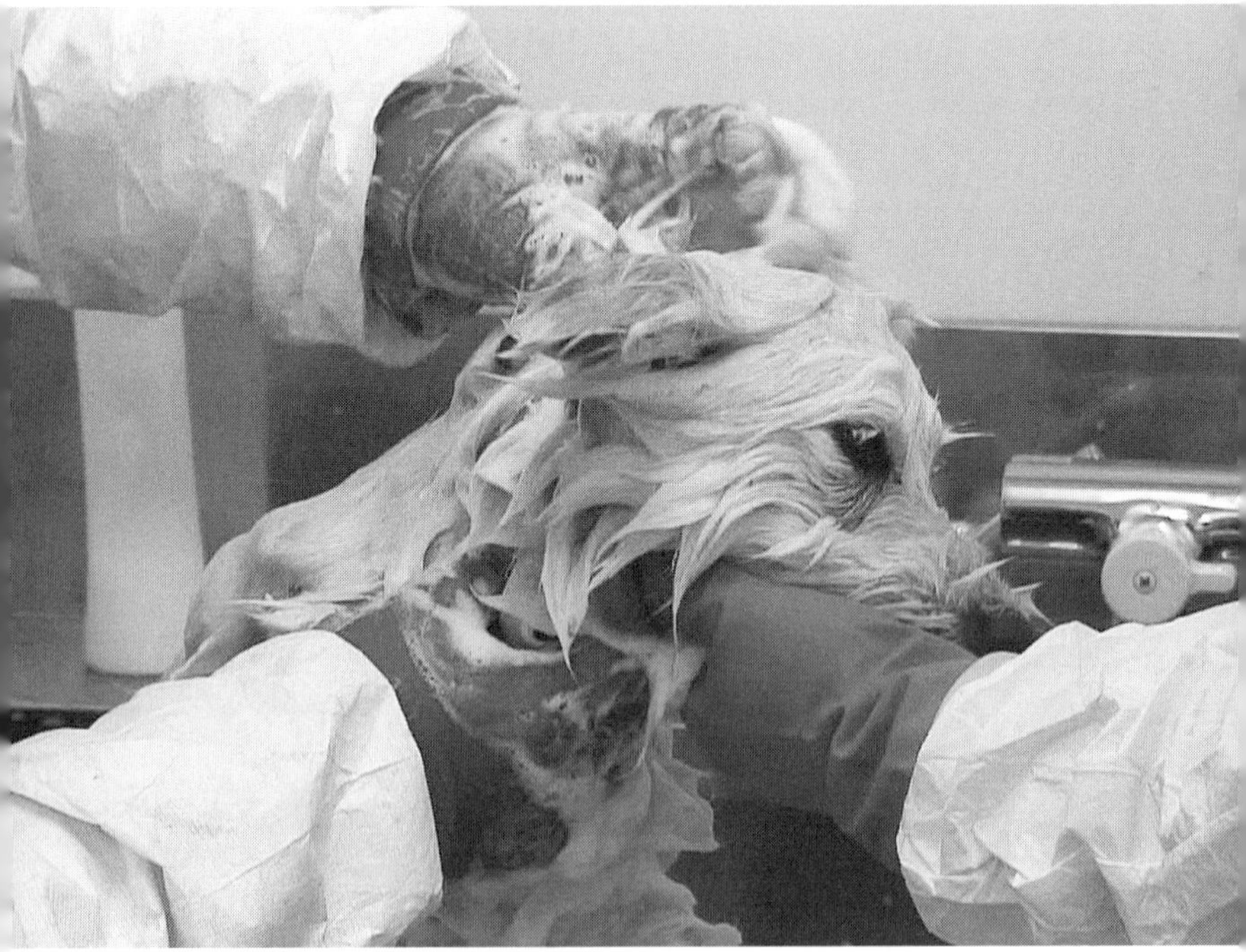

スクリーニング検査の後、除染のためのシャンプーを行なう。

一度野生化しかけた犬たちは、
被災前にみせていた人なつっこさや無邪気さは消え、
警戒心をあらわにします。

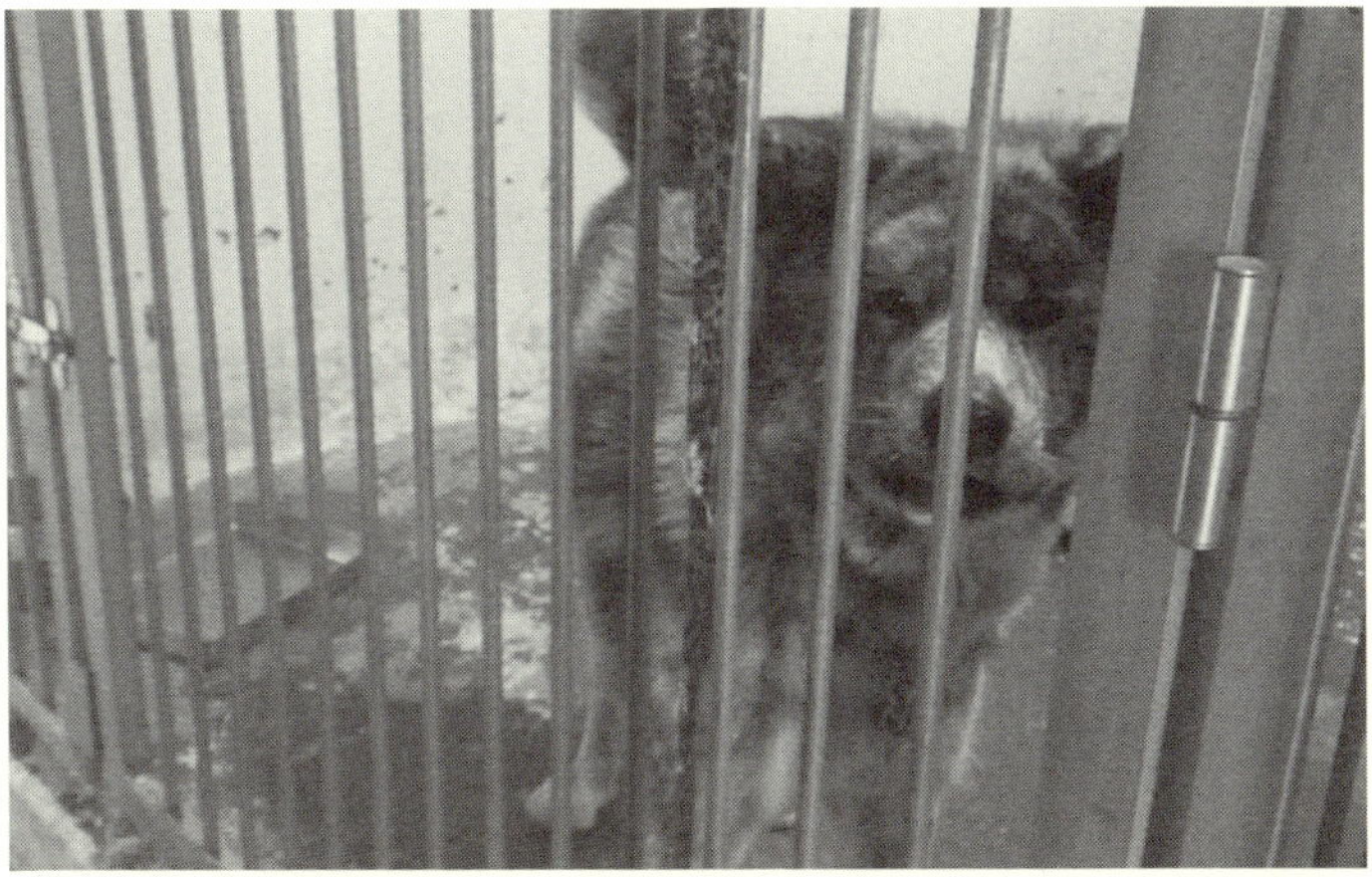

救出直前の「日の丸」。

捕獲された犬たちは
ゲージの中で不安や恐怖と闘いながら、
運命の時を待ちます。

野犬として捕獲後、救出前の「幸」。

呼びかけ、スキンシップをし、愛情をそそぐと、
家族といたときの記憶がよみがえるのか、
次第に打ちとけてきます。

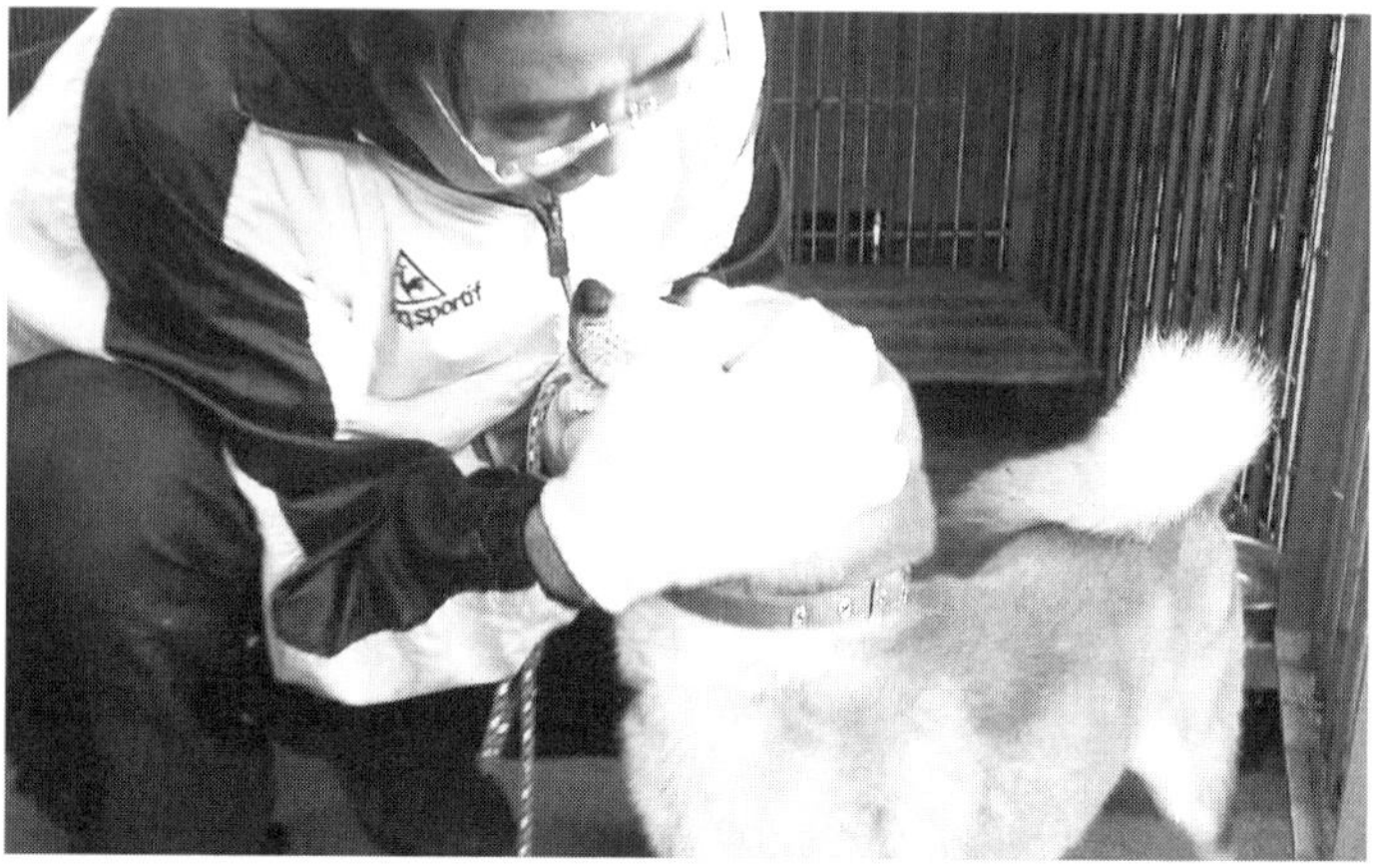

殺処分前の救出。

保護シェルターに入った犬は命を守れます。
しかし、保健所へ入った犬は
殺処分に追い込まれます。

殺処分が迫っていた野犬の「福」。

殺処分対象から救出する。

野犬として生まれたため、自然にふれさせてから心の安定をはかります。

抑留所のゲージに隔離されていたためすぐに歩けない「幸」。

救われた命を大切に、
これからはセラピードッグとしての訓練を積み、
治療に、心のケアにはげみます。

le coq sportif

人も犬も、大切な命に変わりはありません。
どんなことがあっても生き続けること、
みずからの命を生かすことが
私たちに与えられた使命ではないでしょうか。

4ヶ月ぶりに外に出た野犬の「幸」と「福」。

被災犬救助レポート

〈次から次へと犬たちを襲う過酷な現実〉

そろそろ東北地方からは雪の便りも聞こえてきそうな2011年11月、被災した福島原発の現地から緊急の連絡が入りました。それは、福島第一原発3号機の修理に命がけで臨んでいるチームからでした。彼らは毎日、Jビレッジから現地へバスで通い、被曝の恐怖と闘いながら決死の工事に臨んでいるのです。

彼らの話によると、Jビレッジから通う途中に、多くの犬たちが人恋しさでバスを追ってくるというのです。そして日々、衰弱していく犬たちを見続けてきたのです。こうした犬たちの悲惨な状況を伝えてくれたのでした。

私は生きた最前線の現状を知りました。

彼らの願いは、この犬たちを救助して欲しいということでした。救助の現場は通常の地区でないことの難しさに加え、被曝のリスクという緊急の事態に直面していました。私は即座に、彼らとともに現地で犬たちを救出することを決めたのです。

彼らは私に何かあってはいけない、と万全のケアをしてくれました。彼らは、救出するときに、私が犬を抱きしめてしまうことをとても心配していました。それは抱きしめることで私自身が被曝をしてしまうということです。しかし助けるときに自分の手と体を使わなければ、犬たちは少なくとも逃げ出してしまうか、触れさせてすらくれないでしょう。急を要するなか、道具を使って、そのつどケージに誘い込むという難しい作業をするわけにはいきません。

彼らは、犬たちの除染をするときや測量計で線量を測るときなど、一所懸命に努めてくれました。その献身ぶりにはいつも心から感謝をしていま

福島第一原発作業所内待機所での皆さん。

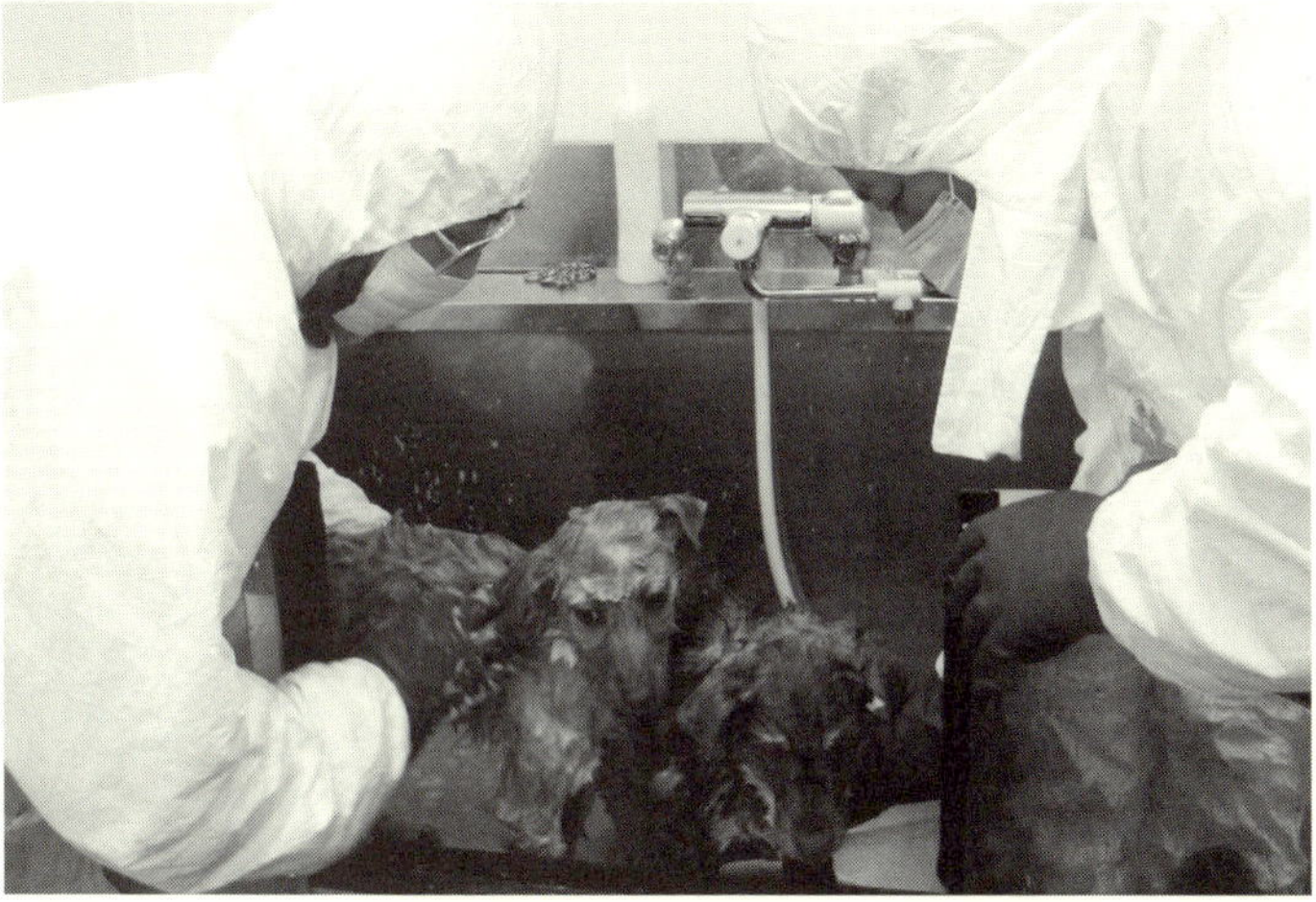

金次、銀次に除染シャンプーを行ないます。

す。そしてまた、多くのものを背負いながらの原発の工事なのです。その勇気と行動は一般の人の目には触れることはなくても、全国や福島の人々のために体を張って、被曝の危機から防いでいるのです。この人々に私は心からエールを送ります。

　また、南相馬市の仮設住宅の皆さんへのセラピードッグの活動の時も、彼らは応援に駆けつけてくれました。そのとき自分たちの子どもを私に紹介してくれました。皆、愛する家族を持っているのです。今、私の周りには、人と犬

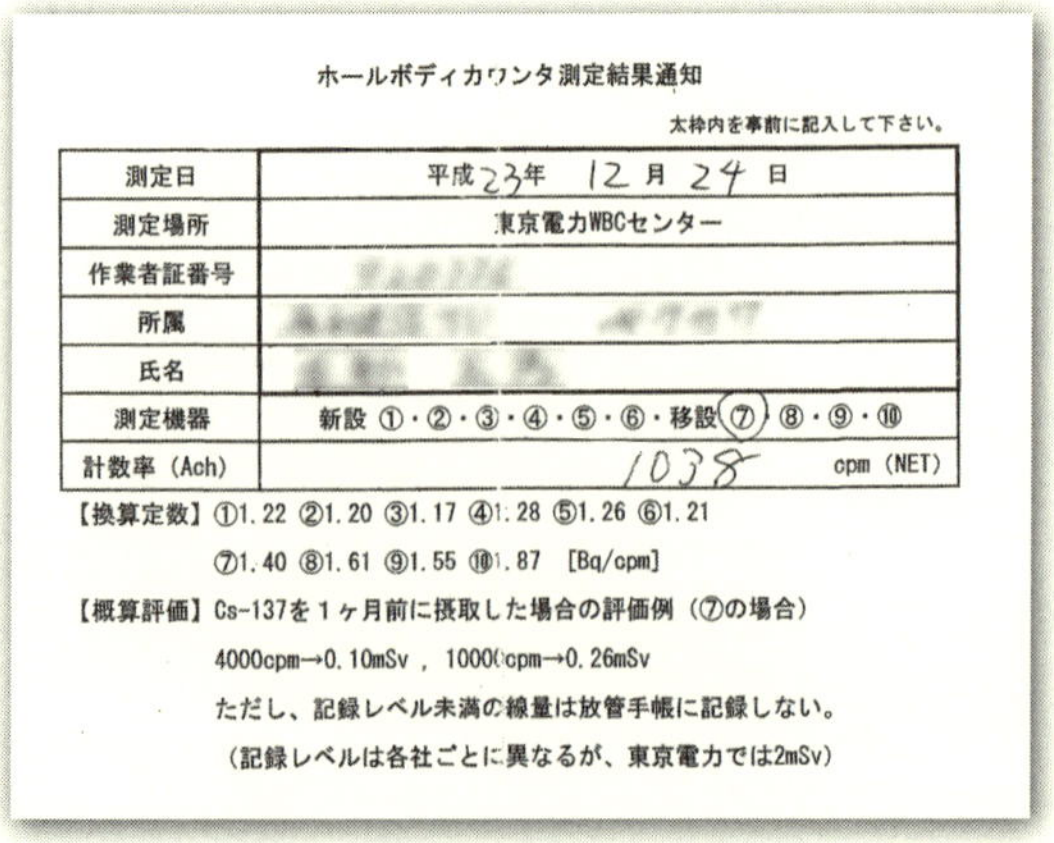
ホールボディカウンタ測定結果通知

太枠内を事前に記入して下さい。

測定日	平成23年 12月 24日
測定場所	東京電力WBCセンター
作業者証番号	
所属	
氏名	
測定機器	新設 ①・②・③・④・⑤・⑥・移設 ⑦・⑧・⑨・⑩
計数率（Ach）	1038 cpm（NET）

【換算定数】①1.22 ②1.20 ③1.17 ④1.28 ⑤1.26 ⑥1.21
⑦1.40 ⑧1.61 ⑨1.55 ⑩1.87 [Bq/cpm]

【概算評価】Cs-137を１ヶ月前に摂取した場合の評価例（⑦の場合）
4000cpm→0.10mSv，10000cpm→0.26mSv
ただし、記録レベル未満の線量は放管手帳に記録しない。
（記録レベルは各社ごとに異なるが、東京電力では2mSv）

の命を重んじる人たちが集まっています。

こうして救助した被災犬も、家族の手を離れ、今この時、過酷な環境のもとでの生活を余議なくされています。

十分な食料があるわけではなく、常に餓死と事故死の危険性と隣り合わせで生きています。1年を通してみても、酷暑の夏と酷寒の冬はフィラリアの感染と合わせて、死の危険性が高まります。これらの自然条件に加え、人為的な条件で被災犬たちに死のリスクが忍び寄ってきています。

例えば、いわき市でも捕獲数の増加にともなって、殺処分の対象犬が出現してきています。被災地福島県で保護された犬、猫、家畜はすべて被災動物です。そして、福島県の救護本部のシェルターに収容された犬たちは殺処分を免れています。しかし、それ以外の保健所や収容所に保護されている犬たちは、人為的な事情によって殺処分の対象になっていく危険性が高いのです。計画区域や避難区域などの行政区域の所在区分によって、尊い命の生死が決められてしまうという事実があります。

　実際、福島県内の各保健所に収容されている犬たちは、もともとこの土地にいた犬なのか、別の地区から避難してきたり、放浪してきた犬なのか、さらには原発被災地の方々が連れてきたけれどやむなく放置した犬なのか、その実態はわかりません。しかし、捕獲された犬の数は確実に増え続けているのです。

　私たちは、そのなかで、被災犬を救助するとともに、保護された後に殺処分されようとしている犬たちの救出を、最後の1匹まで行なおうと思っています。

「日の丸」のケース

〈被災し、殺処分寸前で救助。自由への一歩を踏み出した〉

2011年10月24日にいわき市久之浜町久之浜字川田で放浪犬として捕獲されました。捕獲時には青い布製の首輪をしていました。

久之浜町は津波で大きな被害が出た所です。捕獲以降、今になっても家族から名乗りがないのは、津波により家族を失ったと考えられます。あるいは家族が避難して愛犬の捜索まで手が及ばないこともあります。また家族は避難先では犬を連れてこられない所もあり、探すことを諦めざるを得ません。さらにこの究極の被災時に、どのように愛犬を探すのか、その知識がないことも考えられます。

2011年12月5日、いわき市のいわき「犬猫を捨てない会」から緊急の連絡が入りました。被災犬の殺処分は当分の間は無いとの状況の中で、多くの被災犬たちの中から水面下で殺処分の対象を決めたのです。

この第一報に私は驚き、現実を確認するとともに、現地福島県いわき市へと車を走らせました。そのときすでに、「日の丸」はいわき市犬抑留所へ移され、殺処分の準備に入れられていたのです。

この抑留所はいわき市保健所から車で20分程の所にあり、公道から離れて少し山間に入っていきます。何軒かの民家を通り、細い山道を行くと、奥まった場所へと着きます。深く帽子をかぶったひとりの係員が鉄のゲートを開いて、私の車を誘導してくれます。そこにはそれほど大きくはない建物があり、その中から犬たちの鳴き声が聞こえてきました。係員に、私は「今日はお世話になります」と先に声をかけ、お互い嫌なムードを作らないように心がけました。そして早速案内された抑留所の中に入ると、追い詰められた被災犬たちが所狭しとゲージの中にいたのです。

入口を入って右側の奥に、この「日の丸」は、ひとり体を奥に寄せていました。まず、声かけを続けていきます。ゆっくりとドアを開き、手を先に入れるのではなく、私は自分の頭を少しずつ入れていきます。私は犬たちに対する救助の際、強い信念を持っています。それは追い込まれた命であるがゆえに、どんなに抵抗されても命を救うんだと思うことと、あきらめない気持ちを強く持つことです。しかし不安はいつもあります。しかし私はこの時いけると思ったのです。

私は、係員にリーシを使いたいとお願いしました。「どうぞこの中のどれでも使って下さい、どうぞ……」と10本ほどの汚れたリーシを差し出してくれました。私は中から少し太めのリーシを選び、再びゲージに頭を入れて今度は手を少しずつ出し、親交を深める行動をとりました。「日の丸」はおびえることもなく、リーシを首につけさせてくれました。とても素直でした。さあいこう。「日の丸」は死から逃れ、ケージから自由への一歩を踏み出したのです。

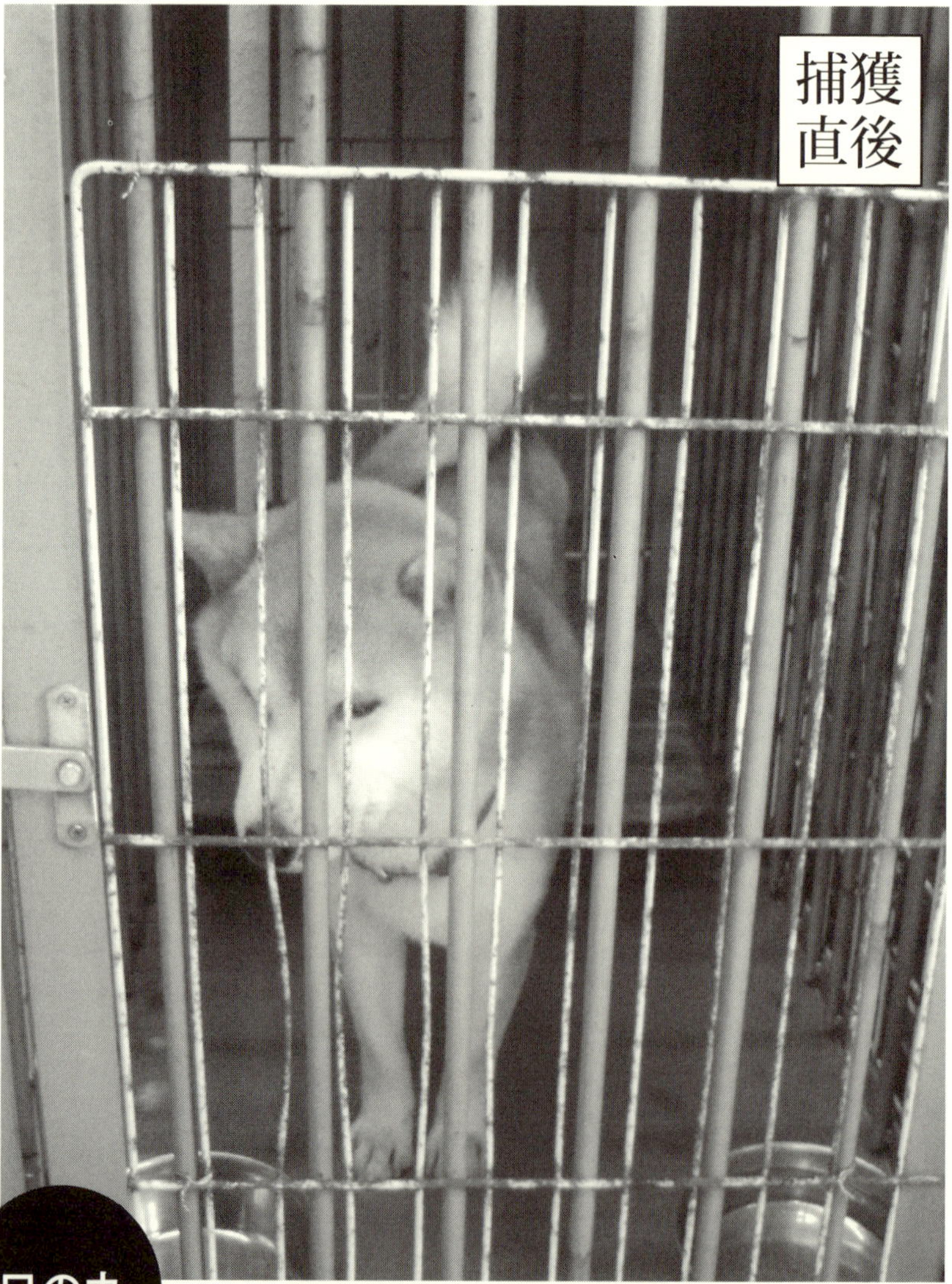

日の丸

犬種：柴犬雑種 オス　生年：2010年生まれ（推定）
捕獲日：2011年10月24日
捕獲場所：いわき市久之浜町久之浜字川田
「日の丸」と命名

保護
7ヶ月後

（野犬）「幸」と「福」のケース

〈野犬として出生、捕獲、長期抑留。変形した身体が過酷さを物語る〉

２０１１年７月上旬、母犬と４匹の子犬（雄雌各２匹）が放浪していました。この時、子犬たちは生後３ヶ月くらいでした。母犬は長く放浪していて、その頃保健所が捕獲を試みたのですが失敗に終わり、それ以来、人間不信や被災の恐怖の中で親子は放浪を続けていました。この地区は蛙や蛇などの生き物も多く、それらを食べて生き延びていたと考えられます。そして８月に保健所の捕獲器により、この２匹（「幸」と「福」）が捕獲されました。しかし母犬と残る２匹の子犬は、未だに捕獲されていないのです。

保健所に捕獲された「幸」と「福」はその後４ヶ月間ケージの中で抑留され、人間と触れ合う大切な若犬時期を逃してしまい、人間への恐怖心がつのり、大変臆病になりました。また「福」に関しては栄養失調で骨格が変形してしまい、歩行困難となっていたのです。まさにその姿は正常な犬の体形ではありませんでした。そして、他の動物愛護団体や里親希望者が多く来ても、この２匹は救助できないと判断されていました。

いくら被災後の追い込まれた犬たちと言えども、この野犬の２匹はむごすぎる状況でした。係員が「野犬ですから気をつけてください」と何度も私に注意をしました。ケージの中の「幸」と「福」にとって、初めて触れる人間が私だっ

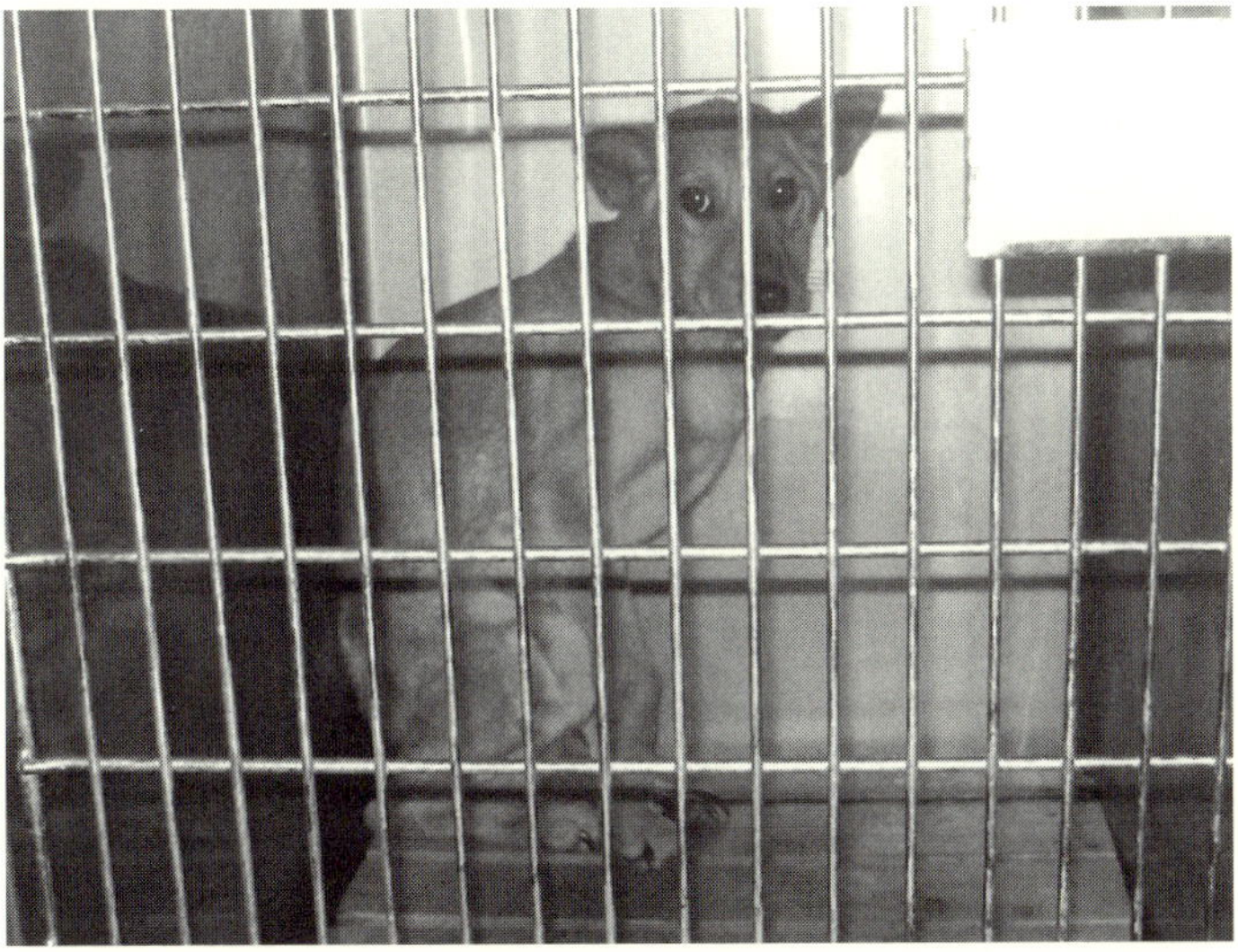

たのです。数メートル先には殺処分機があり、まさに今救わなければこの2匹の命はありません。今、この時しかないのです。

「福」にそっと近づき、目線を合わせさらに近づきました。震える「福」、そして呼びかけを続けながらそっと顔と手を差し伸べました……。触れた瞬間「びくっ」としたものの私を受け入れたのです。「福」は私に抱かせてくれたのです。そしてそっとリーシをつけケージから出し、隣りの殺処分機に近づき、私たちは無言でそれを見つめました。そして抱きかか

えてドアの外へと出たのです。

外の太陽の光は「幸」と「福」にとって4ヶ月ぶりでした。目を細めていました。そして私はそっとコンクリートの地面に降ろしたのです。しかし「福」は変形した体のまま地面を這いずり、歩くことができませんでした。野生とケージの中での抑留のむごさを物語っていました。私はとっさに藪の土の斜面に移し、少しでもと、土と草のにおいをかがせました。

そして「福」は私を少しずつ受け入れてくれたのです。私は時間の経つのも忘れ夢中でした。気がつくとそばにいた係員が「幸」と「福」を見て、「おまえら、助かったなー。良かった!」とつぶやいていました。

その後、山間ですごしていた「幸」と「福」の母犬は地元の方が保護し、引き受けてくれた、との吉報が入りました。そして引き続きこの母犬を連れてまだ残されている「幸」、「福」の2匹の弟妹を救出を続けているのです。

幸

犬種：雑種 メス（野犬）　生年：2011年4月生まれ（推定）
捕獲日：2011年8月11日
捕獲場所：いわき市永崎字川畑の海岸線の山沿い
「幸」と命名

保護
7ヶ月後

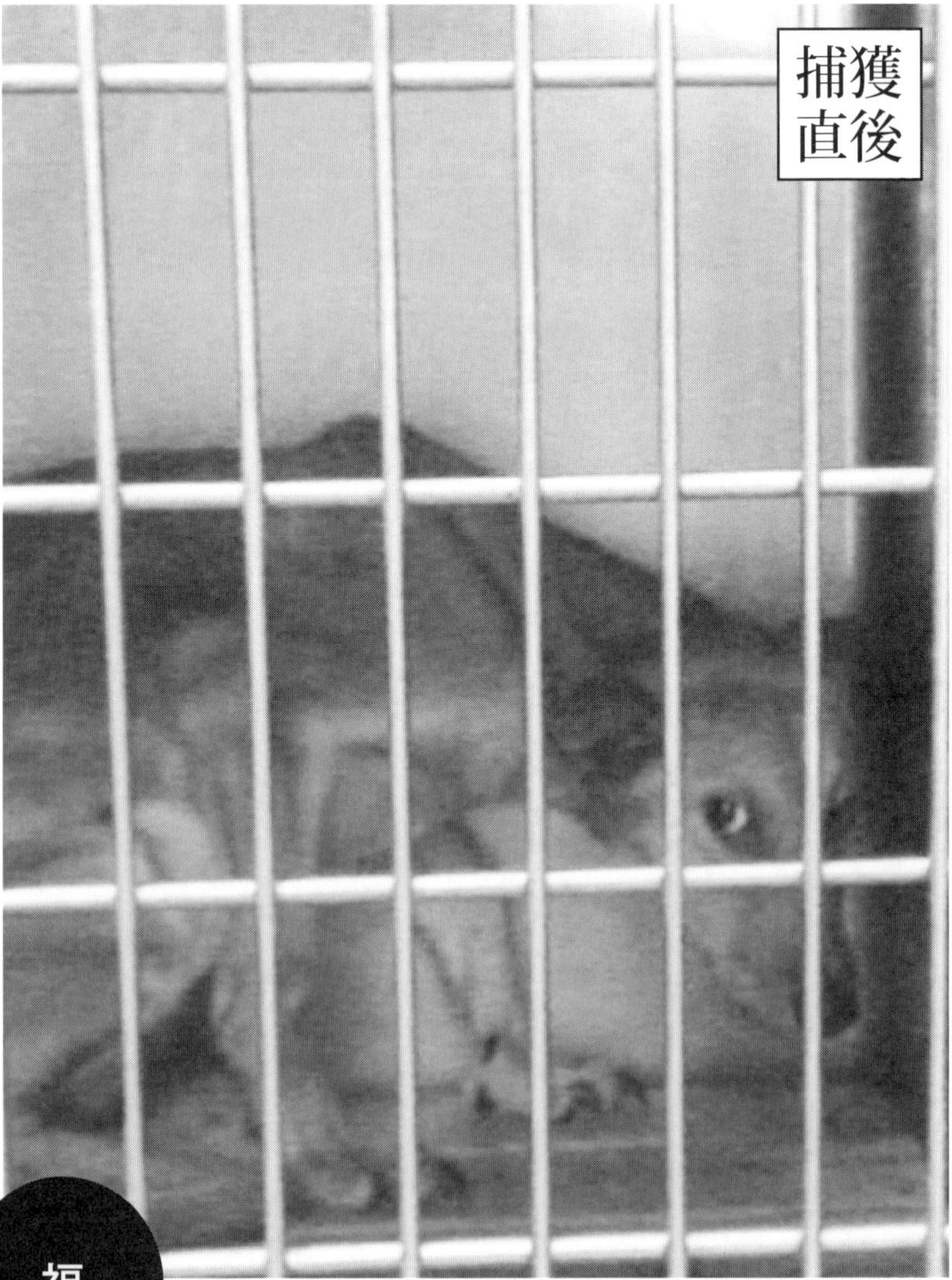

福

犬種：雑種 オス（野犬）　生年：2011年4月生まれ（推定）
捕獲日：2011年8月17日
捕獲場所：いわき市永崎字川畑の海岸線の山沿い
「福」と命名

保護
7ヶ月後

「きずな」のケース

〈姉妹で被災、放浪、被曝、捕獲。ボランティアの命のリレーで救助〉

　2011年11月14日、福島県二本松市役所の職員が二本松市杉沢の山間で放浪していた2匹を捕獲。捕獲箱に餌を入れ、犬が入ったところを捕獲したのです。この2匹は姉妹と思われ、その後二本松市役所は県北保健所に連絡をとり、この2匹を同日県北保健所へと抑留させていったのです。その後1匹は里親が決まりました。

　しかしこの残された「きずな」は里親対象となったのですが、毛色が黒茶のまだらゆえに希望者がいないという理由で殺処分の対象になったと聞きました。こんな理由で命を落とすなど許されることではありません。命には一刻の猶予もありませんでした。私の到着を待っていては危険な状況になると判断して、地元の方の協力を得て「きずな」を先に一時引き受けてもらい、その後私と保健所の駐車場で待ち合わせして引き渡しをしてもらいました。心あるボランティアの皆さんの命のリレーです。そして、この日命を追い込まれた4匹は車に乗りました。帰り際に係員の方が私の顔を初めて直視して、「ご苦労様です。すんません」と声をかけてくれました。この小さな山間の抑留所で、ひとり黙々とこのことを仕事として務めているこの人が辛く無いはずはありません。係員は帽子を取り、深々とお辞儀をしてくれました。車は山間を下り、今一度いわき市保健所へ向かい、里親譲渡の正式手続きを行います。保健所の職員の方に私はこの4匹のことを伝えると、無言で書類手続きもしてくれました。「みんないい子だからセラピードッグになってまた帰ってきますよ」。

こわばっていた職員のみなさんから笑顔が少し見えました。この後、みんなで立ち会って放射線除染の検査を受け、4匹は今一度車に乗り、高速道路へと向かうのでした。「さあみんな、東京へゆくぞ!……」長い一日でした。

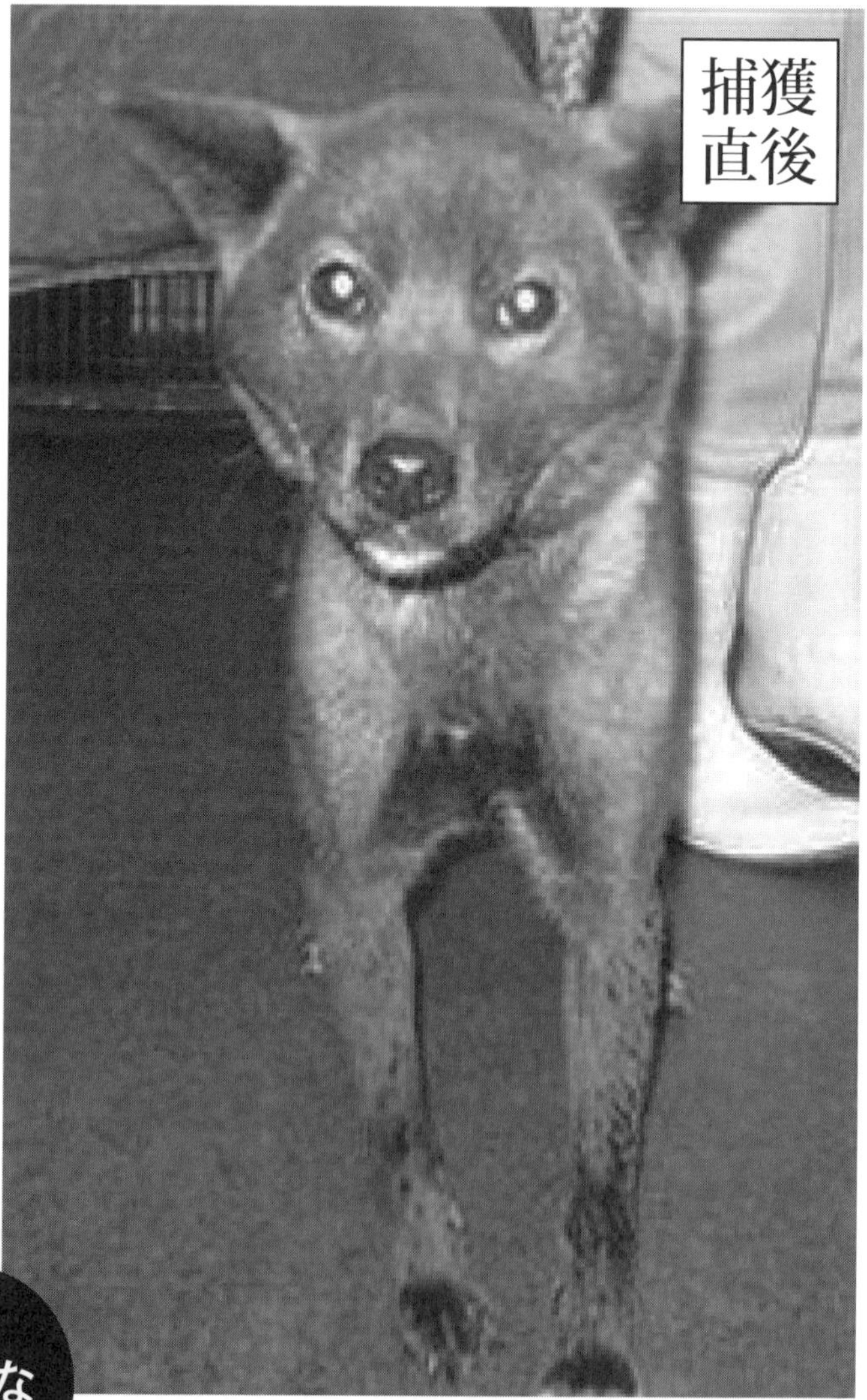

きずな

犬種：雑種 黒茶のメス　　生年：2010年生まれ（推定）
捕獲日：2011年11月14日
捕獲場所：福島県二本松市杉沢の山間
「きずな」と命名

保護
7ヶ月後

「チロ太」のケース

〈あまりの偶然に息をのみました。救出した老犬の名前は「チロ」〉

2月3日夜、いわき市から緊急の連絡が入りました。

明日、午前中に殺処分対象の被災犬が処分されるとの情報でした。確認ごとをするひまもなく、容赦なく飛び込んでくる情報です。私にも多少の猶予があれば対応も冷静にできるのですが、今回はまったくありませんでした。わずかな情報からうかがえるのは、1匹は50kgを超える衰弱した大型の老犬、そしてもう1匹は放浪の末、問題犬として捕獲されたということです。

その夜、いつものように寝つけずに殺処分のことを考えながら朝を待ちました。保健所の開く8時30分過ぎに連絡を入れ、「待った」をかけるしか方法はありません。寝過ごすことなど許されません。

早めに連絡がとれ、担当係員と話ができました。連日、緊迫した状況が続き、そのときの私は心身ともにふらふらの状態でした。しかし、係員に「すぐ行きますから」と告げて現地へと車を走らせたのです。

「50kg以上ある大きな子ですけど、いいですか？」

「会わせてください！」

その子は、1階の保護室にすでに収容され、私を待っていたのです。

鉄の檻のゲージの中で、狭いスペースに大きな身体を丸めていました。

この子の生い立ちを聞くと、東日本大震災の起きた3月11日の前日までは、昼間は庭で過ごし夜は家の中で部屋を割り当てられていて、幸せな暮らしをしていたとのことです。しかし、震災後、すべての生活は変わってしまったのです。家族と家を失ったひとりの身内の方は飼育放棄をしたのです。止むにやまれぬ選択だったのでしょう。一瞬にして、いままでの生活から地獄へと変わってしまったのです。

私が狭いケージから出すと、人恋しさからかテールを振り振り、すり寄ってくるのでした。捕獲されたときは津波によってどろどろになって浜に打ち上げられ、誰もがその変わり果てた姿に目を疑ったとのことでした。

そして、この子を引き取るときに係員が「元の飼い主に、里親が決まり引き取られたことを伝えますか」と聞いてきました。私は「ぜひ、お伝えください」と言いました。

この子を係留所の外へ連れ出したとき、外はまだ雪がだいぶ残っていて、とて

も冷たい空気でした。しかし、この子は喜んで冷たい福島の空気を吸い、大きな身体を揺さぶりながらテールを振り続けていました。そして3人掛かりで大きな身体を車に乗せ、出発の準備をしたのです。

私のセラピードッグ施設に、夜、着いたときも、スタッフがこの子の大きさに驚き、そしてことのほか、みんな喜んでくれました。

「名前を付けてください」とスタッフからの要望に、私は大きく立派だったことから、「金太郎でいこう」と伝えました。しかしその後、県北保健所からのメールが届いたのでした。

そこにはひとり残った家族が吉報を聞いて喜んだ様子と、その犬の名前を知らせてきていました。その名前を聞いて、私は偶然の不思議に胸を打たれました。この子の名前は、なんと亡くなったセラピードッグの草分けである名犬と同じ「チロ」だったのです。その晩、みんなの顔に自然に笑顔が広がりました。そして私のもとで「チロ太」と新しく命名しました。

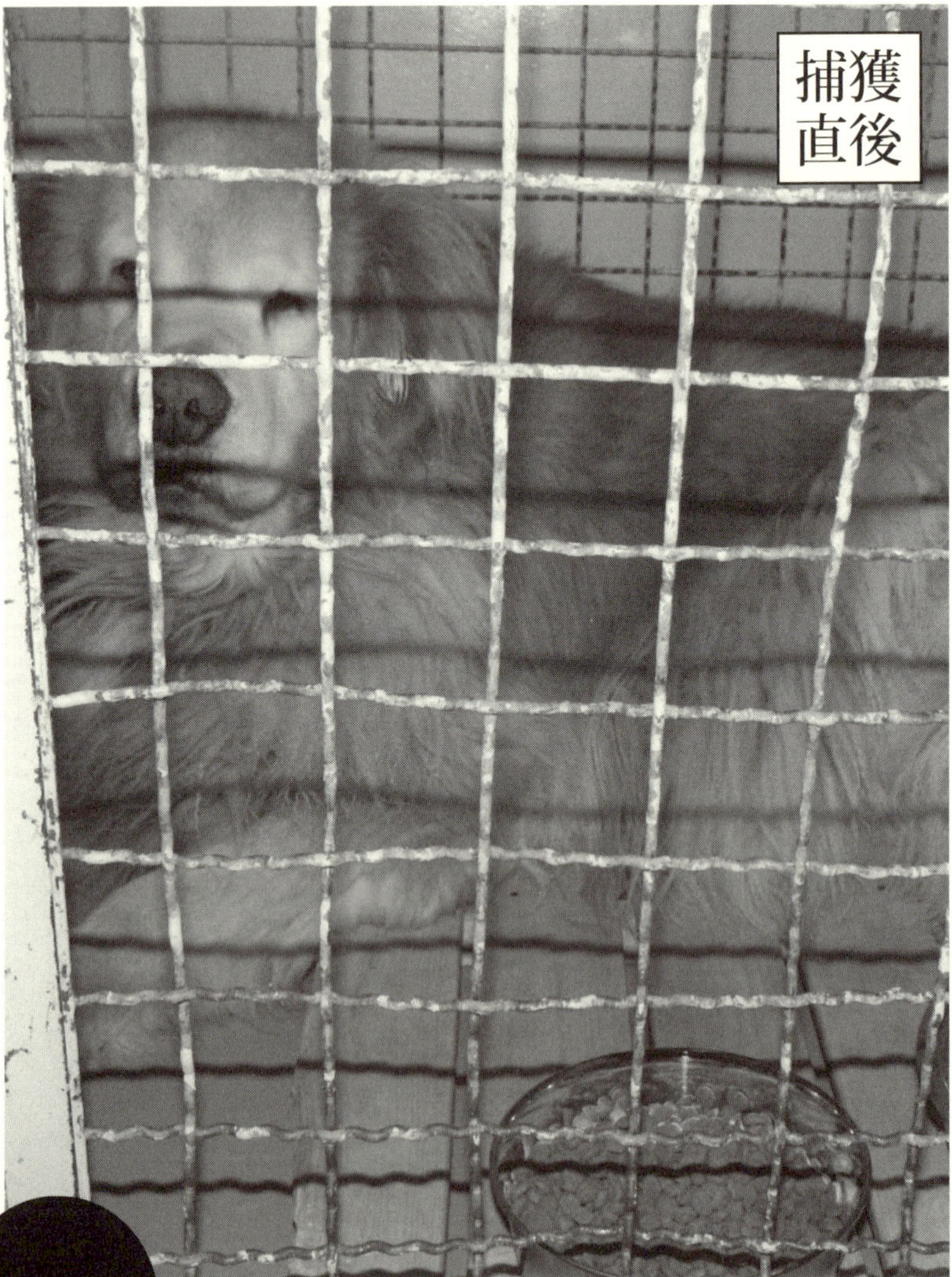

チロ太

犬種：ゴールデンレトリバー オス　　生年：2004年4月5日生まれ
捕獲日：2012年2月6日
捕獲場所：福島県内
「チロ太」と命名

保護
5ヶ月後

「こざくら」のケース

〈鶏を襲ったと疑いをかけられて殺処分の対象に〉

2012年2月6日、真冬の寒さの厳しい日にこの子は、二本松市成田町内で捕獲されました。

近くの住民から、「飼養鶏3羽が襲われた」と二本松市役所に通報され、その後、保健所が捕獲箱を仕掛けたところ、2週間ほど経ったときに捕まりました。

この地区は以前から野犬も多いと聞いていました。住民のみなさんも日頃から野犬対策を講じていたものと思われます。この子が鶏を襲ったという確かな証拠があるわけではありません。しかし、鶏を襲った張本人とみられていたようです。

私が近づこうとすると震えながら目をそむけ、また、触れようとしたときは失禁をしてしまうのです。よほどの恐怖を味わったものと思われます。

数ヶ月は恐怖心はぬぐえないままでしたが、今は触れても失禁することもなくなり、人への信頼感も持つようになっています。なかなかのキャラクターの持ち主で、可愛く、個性的な子で、スタッフのあいだで人気ものとなっています。

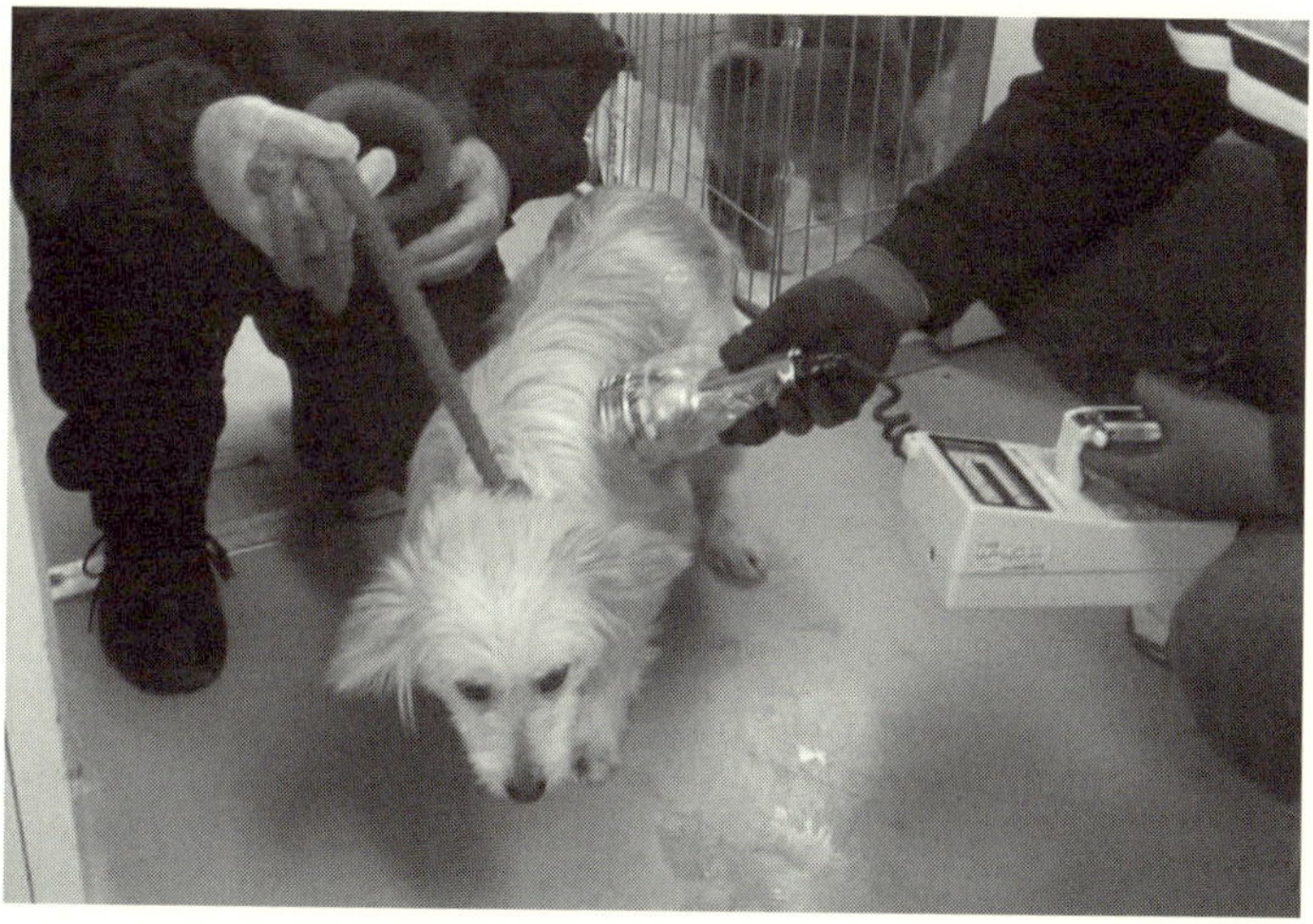

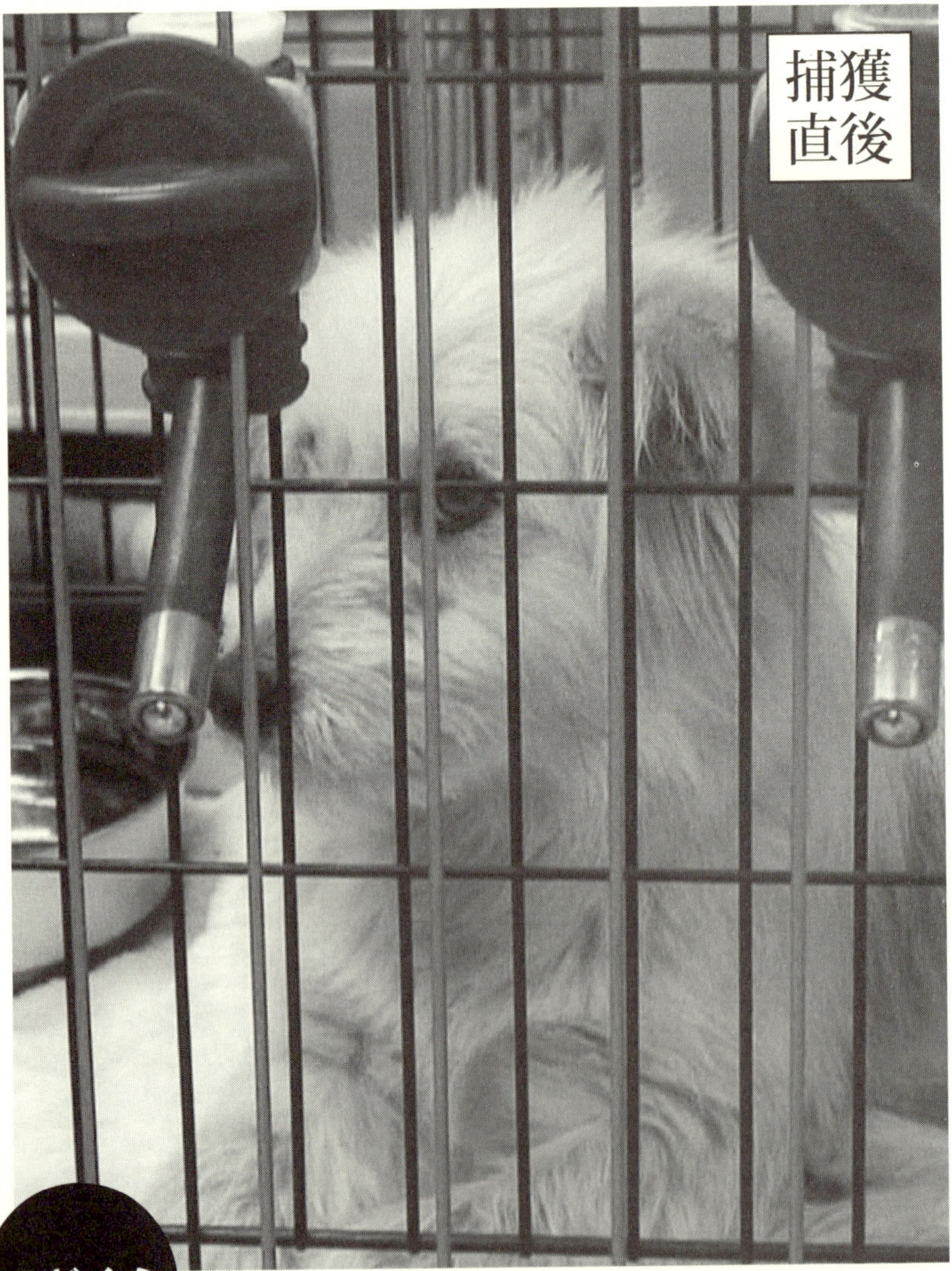

こざくら

犬種：雑種 メス　　生年：2011年生まれ（推定）
捕獲日：2012年2月6日
捕獲場所：二本松市成田町
「こざくら」と命名

保護
5ヶ月後

「ゆう」のケース

〈被災した老犬〉

今回の救出は大きな成犬、老犬、若犬と三者三様でした。この「ゆう」は、15歳まで普通の家庭で長い間暮らしていたのでしょう。それなりの生活と月並みな老いを迎えながらの突然の震災だったのです。

この震災で、特に老犬は想像を超える厳しい体験をしたのだろうと思います。津波の脅威や、その後の保護された環境は、当然、人間の待遇が優先され、老犬には厳しいものがあります。そして保護された後、老犬であるがゆえに里親が決まらないというケースが多く、この子も殺処分の対象となったのです。被災したときに子犬でなかった自分の運命を悔やめばよいのでしょうか。悲運とはいえ、まさか自分の過ごしてきた老後にこのような過酷な境遇が待ち受けていようとは、思ってもいなかったでしょう。

私と出会ったときは、ゲージのなかに収容され、ドアを開けると、よちよちと歩いて出てきたものです。脚力も衰え、動くのも緩慢で、ゆっくりと動くしかありません。救出後は、私の施設でゆっくりと余生を過ごさせてあげたいものです。

ゆう

犬種：雑種 メス　　生年：1997年2月1日生まれ
捕獲日：2012年2月6日
捕獲場所：福島県県北保健所
「ゆう」と命名

保護
5ヶ月後

「小梅」のケース

〈障害と高齢でもらい手がなかったけれど、今はみんなに愛されています〉

２０１１年の年の瀬も押し迫った12月26日に捕獲されました。

この子はとても人なつこい性格だったので、すぐにでも里親が決まると思っていましたし、そうなることを願っていましたが、口元に障害を持っていました。下あごが出ているのです。なぜこうなったのかは不明ですが、たぶんこの障害が大きな理由となって里親が決まりづらかったのでしょう。もうひとつの原因は、高齢犬であることです。この子を見ていると、子犬のころはとても可愛かったのだろうなと思うのです。今は私の施設のスタッフみんなから「小梅ばあちゃん」と呼ばれて、愛されています。

２０１３年夏、この小梅が危篤状態に陥りました。

獣医の診断は余命３日です。手術をして病魔を取り除けば、万にひとつの延命の可能性があるとのことです。黙っていたら、3日後には死んでしまいます。私は意を決して手術に踏み切りました。開腹手術をしてみると子宮に悪性の腫瘍がみつかりました。夏の酷暑で体力を消耗しているうえに高齢ですから、手術後は予断を許さない状態が続いていました。正直なところ、一度は諦めかけていました。しかし、小梅は奇跡的な回復をみせ、今では歩き回るほどになりました。取り戻した命を精一杯生きています。

小梅

犬種：テリア雑種 メス　　生年：1997年生まれ（推定）
捕獲日：2011年12月26日
捕獲場所：いわき市平下神谷字沖田
「小梅」と命名

保護
3ヶ月後

「金次」「銀次」のケース

〈野犬として生まれたとしても、未来は開ける〉

この2匹は、いわき市の捨て犬の多い地区として知られる湯ノ岳という山裾で、母犬ときょうだい（雄2匹、雌2匹）4匹で放浪しているところを、1月10日、11日、17日の3回に分けて捕獲されました。雌の2匹はすぐに里親が決まりましたが、残された2匹の雄は拘留所での生活となってしまいました。

このきょうだいは野犬として生まれたのですが、まだ幼いということで、将来立派な犬になると私は思いました。どんなに状況が厳しいとしても、若い2匹には未来があるのです。誠心誠意接していけば、必ず立派な犬たちになると確信しています。

初めて私が救出のために触れると、当然のように震え、用心深い態度を示しました。しかし私の経験上、この子たちの目を見たとき、上目づかいで私を見ながらも、その瞳は輝いて見えました。

私は声をかけます。

「だいじょうぶだよ。みんなの所に行こう……」と言いながら、そっとこの子たちに触れていくことができました。私は2匹を両脇に抱えながら、最後の部屋を出たのでした。

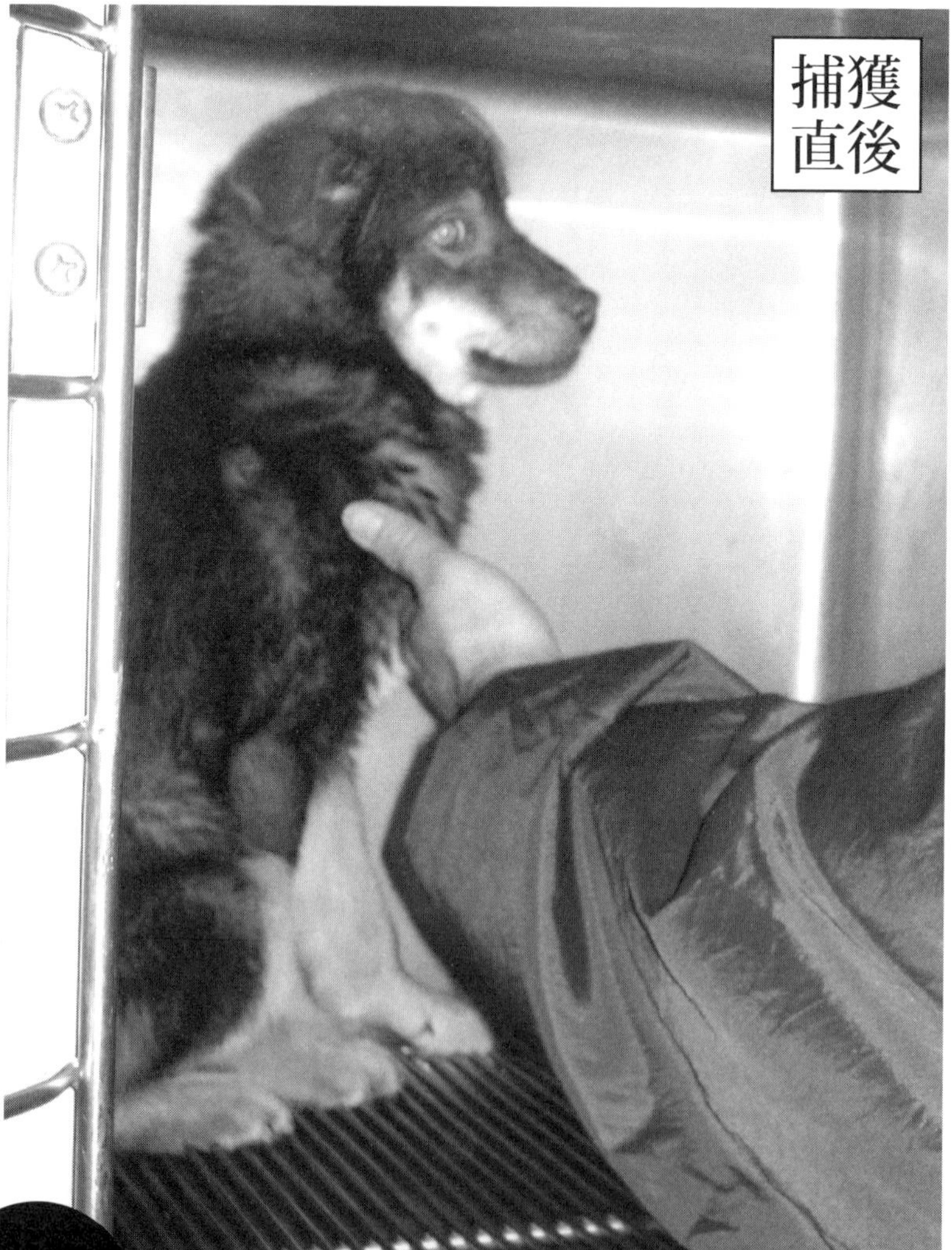

金次

犬種：雑種（野犬）オス　　生年：2011年12月生まれ（推定）
捕獲日：2011年12月26日
捕獲場所：いわき市湯ノ岳
「金次」と命名

保護
3ヶ月後

銀次

犬種：雑種（野犬）オス　生年：2011年12月生まれ（推定）
捕獲日：2011年12月26日
捕獲場所：いわき市湯ノ岳
「銀次」と命名

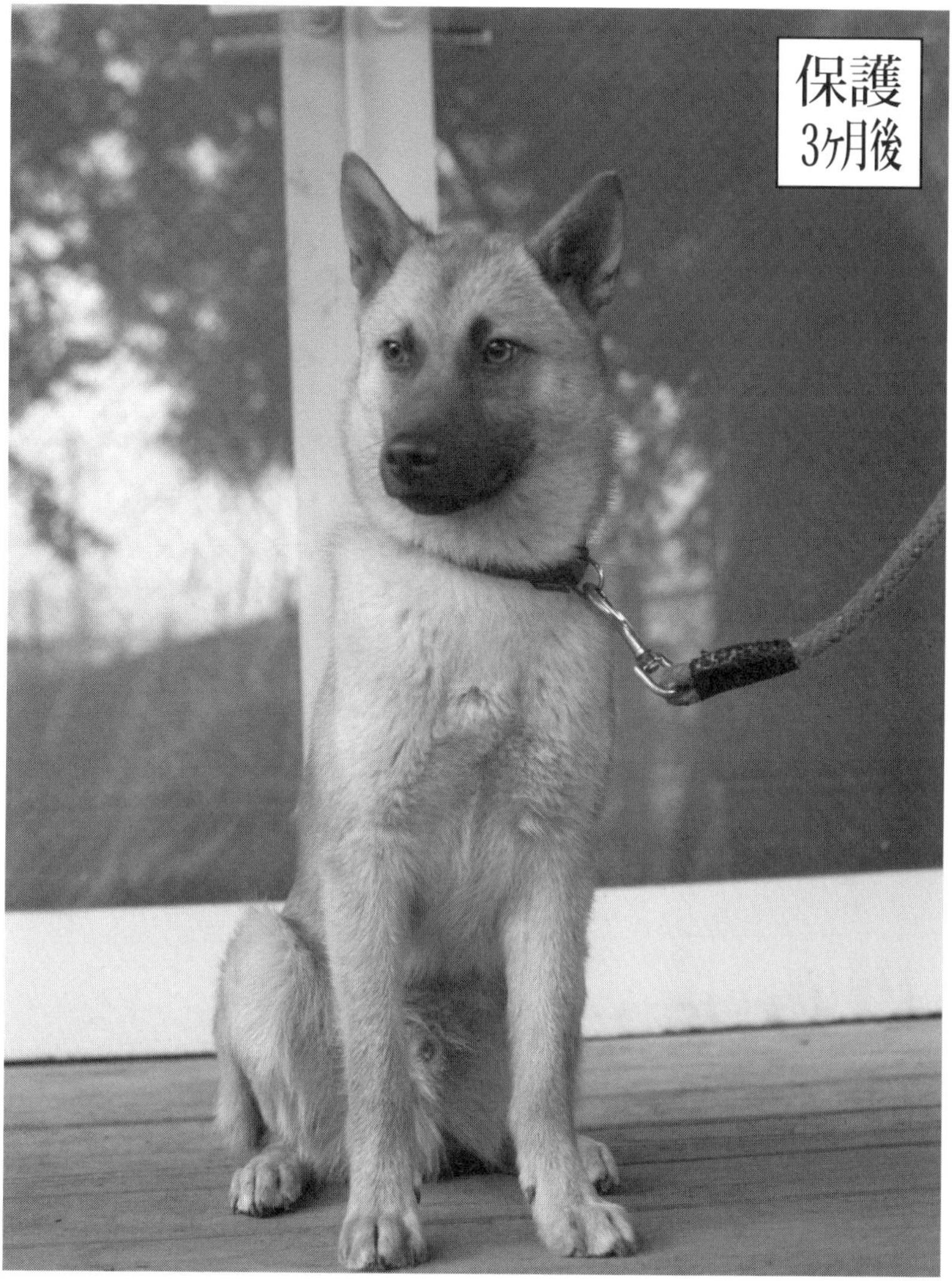
保護
3ヶ月後

「ヤマト」のケース

〈飼い主とはぐれ野犬化、ストレスによる威嚇行動で殺処分対象に〉

この子は長期にわたって放浪していたらしく、通報者宅の雌犬と交尾をしたことにより、保健所に捕獲の依頼がきました。捕獲当時は、青い革製の首輪をしていたので、飼い犬だと思われます。しかし、家族からの名乗り出はありませんでした。収容当時から、比較的吠えてはいたものの、特別に攻撃性が強いということはなく、檻に近づくと向こうから寄ってきて、触ることができました。しかし、4月19日に、保健所員が採血するために口輪をはめたところ、ストレスから威嚇の行動が現れ始め、6月13日から犬拘留所の檻のなかに鎖で係留されていたのです。そして救出後も外へ出たがる習慣がありませんでした。外にでるとゆっくりとよこたわり眠りました。これは以前に外飼いをしていたことが明らかでした。

ヤマト

犬種：雑種（中型）オス　　生年：2009年生まれ（推定）
捕獲日：2012年3月2日
捕獲場所：いわき市久之浜町末続字上長沢（いわき市と双葉郡広野町の境目付近）
「ヤマト」と命名

保護
1ヶ月後

「ムサシ」のケース

〈ストレスからくる攻撃性のために殺処分に〉

この子は、山間部を放浪中、トラバサミにより右前肢端を欠損したものと思われます。四足歩行している犬にとって、右前足の先を失うということは、歩行や行動に大きな制約が課せられることになります。まだ若く元気なのですが、その不自由な姿を目にすると、痛々しさがよけいに伝わってきます。

放浪期間は不明ですが、三沢町の土木関係のトラック駐車場で運転手の人たちから食べ物をもらっていたそうです。当時から、近づいてはくるのですが、人懐こいというわけではありませんでした。そして、近隣の方がたからの通報により、保健所が捕獲し、その後抑留所に収容されましたが、人馴れしているわけではなかったため、里親対象から外れ、殺処分になりました。

もともと警戒心も強く、収容期間も長かったために、ストレスから人に対して威嚇的に連続して吠えるという攻撃性が出てきました。さらに度重なるストレスから係留所の隣犬との間でトラブルを起こし、6月13日から犬抑留所内の檻のなかに、1匹だけで鎖につながれて係留されていたのです。

現在、セラピードッグになるために、ハンデキャップを乗り越えて、日々元気にトレーニングしています。

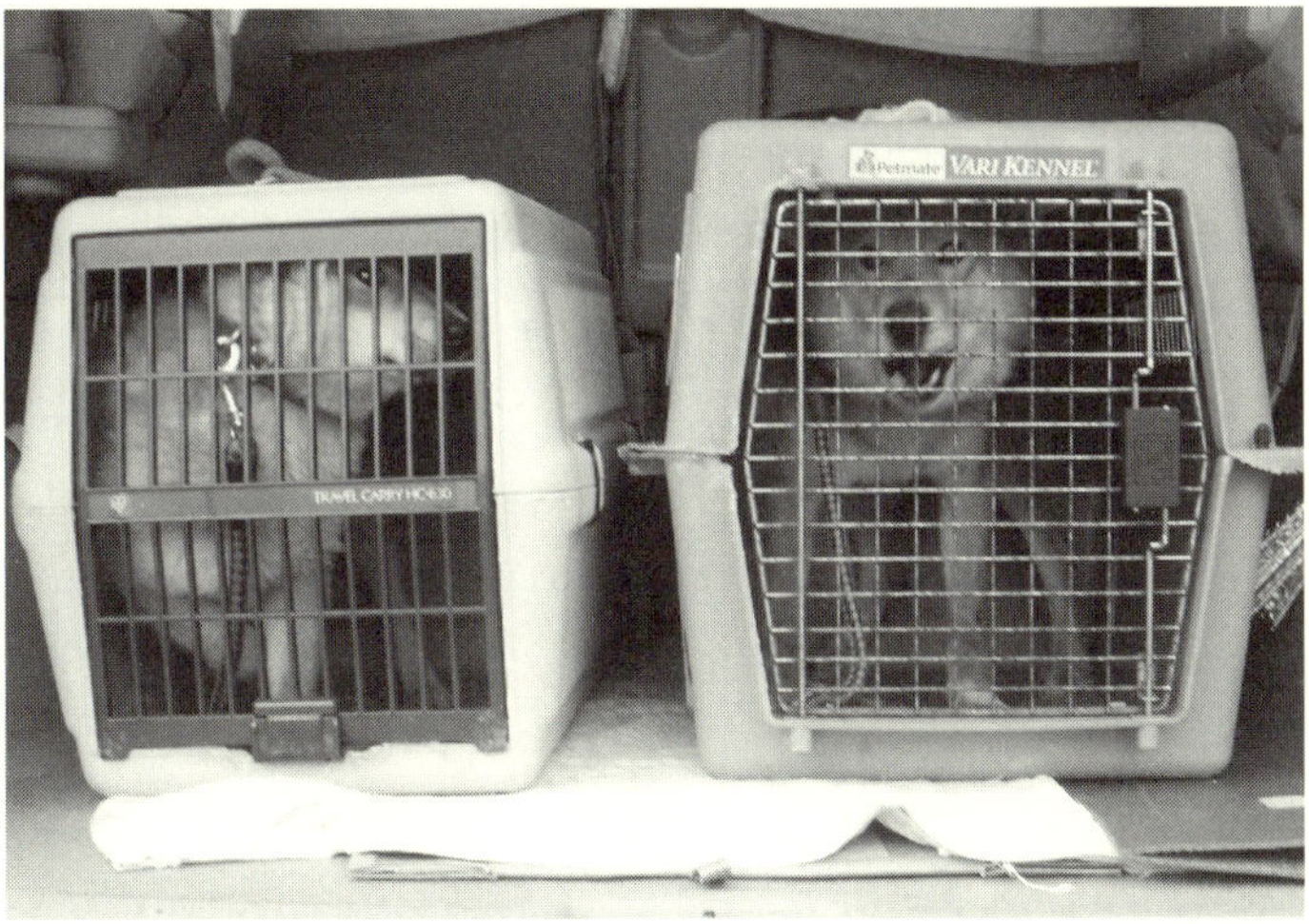

犬種：柴雑種 オス　　生年：2009年生まれ（推定）
捕獲日：2012年3月27日
捕獲場所：いわき市三沢町長堀の山間部
「ムサシ」と命名

保護
1ヶ月後

「秋姫」のケース

〈大型犬、見た目のこわさ──理由にならない理由で殺処分に〉

福島市内のシェルターに入った犬たち。彼らは、今も厳しい環境のなかにいるとはいえ、命は守られています。しかし、いわき市保健所、県北保健所、そして県中保健所で捕獲されて係留されている犬たちは別の厳しさを持っているのです。それは殺処分対象となってしまうことです。

この日ボランティアの人々の緊急連絡を受けました。私たちは県中保健所との話し合いを持ち、なんとか、今日も2匹の殺処分を止めることができました。保健所の収容能力を越えたとき、被災犬たちは次々と命を落とす状況に追い込まれていきます。死の淵に立たされた被災犬たちの恐怖は想像を絶するものがあります。「首輪をつけさせない」、「人を威嚇する」、この言葉は被災犬を救うとき、お決まりのように聞くことばです。しかし、本来、人間と友好的な関係を築くはずの犬たちがこうなった理由は、被災の恐怖と人間不信からくるものに間違いないのです。玉川町の工場付近を放浪していた、体が大きく一見強そうに見えるこの秋田犬は、生きることの不利な条件ばかり背負っていました。

私たちはやっとのことでこの大きな秋田犬をゲージからゲージへ移し、搬送となりました。高速道路を走る中、途中休憩をとりながらも、大事をとってゲージから出さずに国際セラピードッグ協会のプラザへと向かいました。

次々とやってくる殺処分対象の犬たちは皆混迷しています。しかし、今救わなければすべてが悪い方向へと向かいます。殺処分が当たり前のようになっては手遅れなのです。秋姫は私たちが必ず立派なセラピードッグにしてみせます。

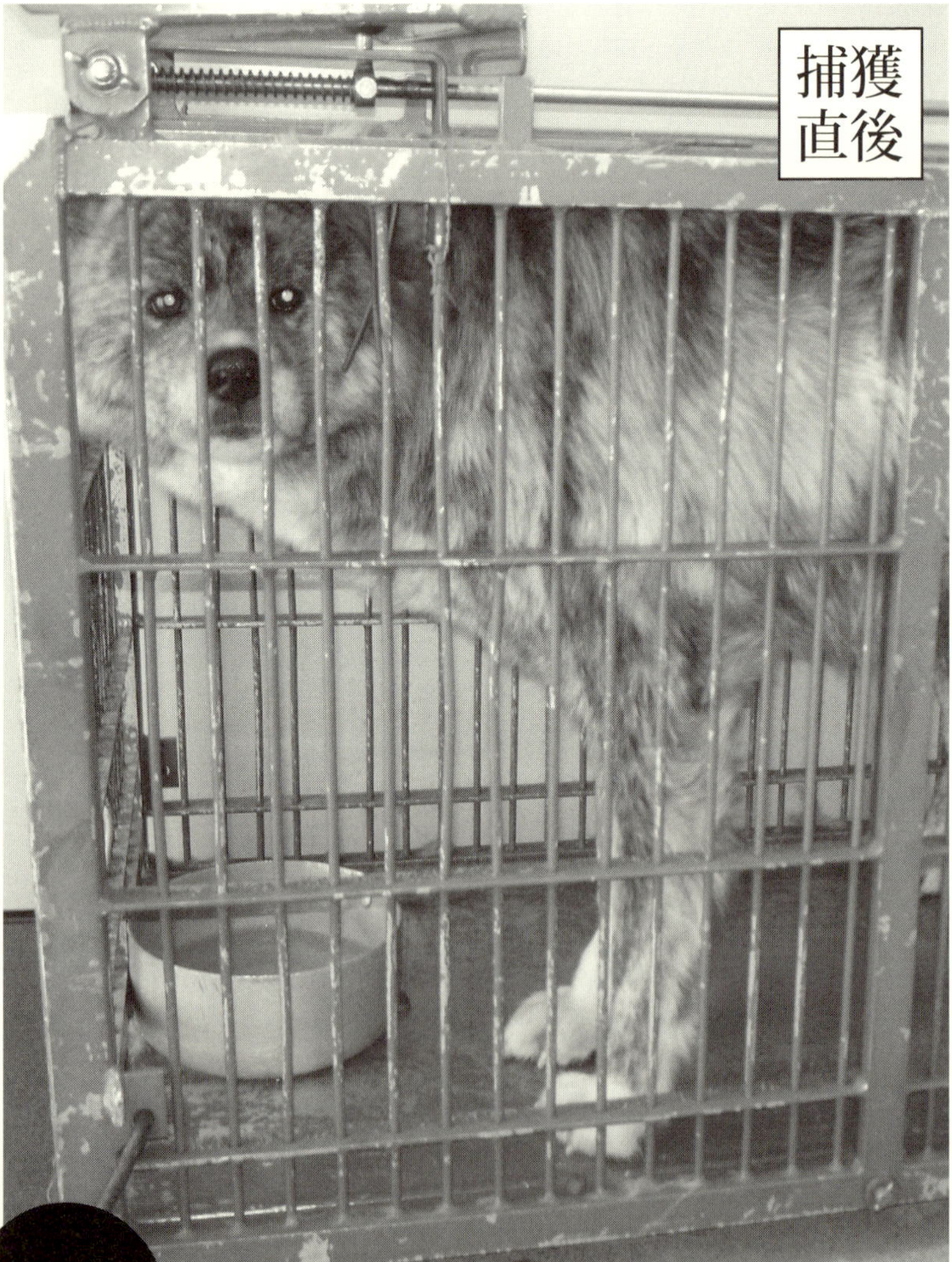

秋姫

犬種：秋田系雑種 メス　生年：2009年生まれ（推定）
捕獲日：2012年7月5日
捕獲場所：石川郡玉川村南須釜
「秋姫」と命名

保護
1ヶ月後

「かんたろう」のケース

〈はぐれた家族を探して放浪を続けた末に捕獲。殺処分の危機に〉

田村郡小野町を放浪していたこの子は、水色の革製の首輪をつけていました。このようすから見ると、長い期間放浪を続け、家族を今になるまで探していたのでしょう。私たちが救出したときには、姿はボロボロで被毛も荒れていました。そして両耳の垂れた典型的な雑種犬です。長い間放浪していたため、心身ともに疲れ切ってだいぶ衰弱していました。ですから、この子は当分の間は健康回復と信頼を取り戻すことに集中して生活させます。

さあ、この子がどのように輝く犬になるか、とても楽しみです。

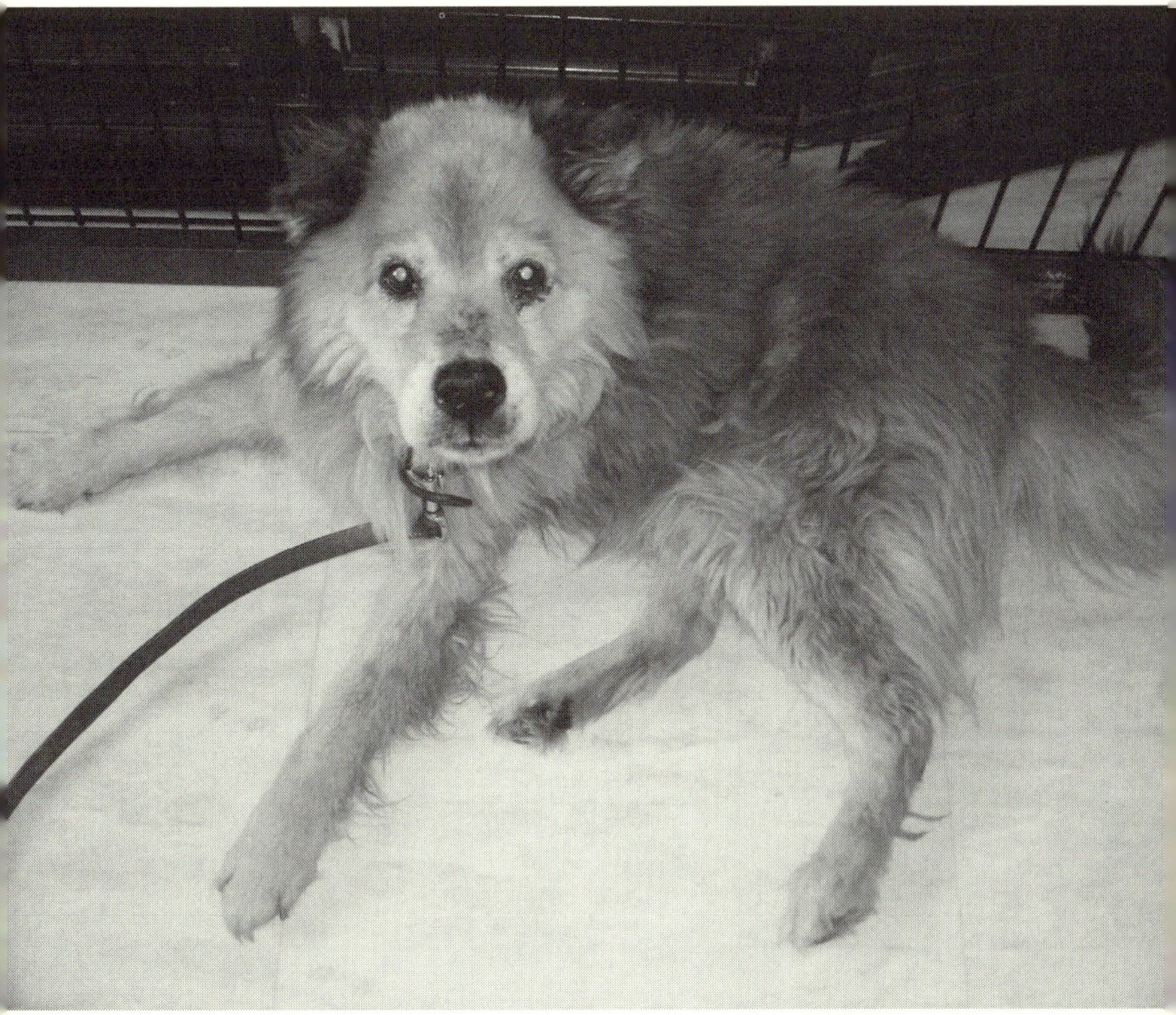

かんたろう

犬種：雑種 オス　　生年：2005年生まれ（推定）
捕獲日：2012年6月25日
捕獲場所：田村郡小野町小野赤沼
「かんたろう」と命名

保護
1ヶ月後

「青次郎」「松の介」「正宗」のケース

〈2013年、殺処分の寸前の犬3匹を救出〉

東日本大震災から2年が経つ2013年に入ってからも、被災犬たちの保護は続いています。施設での収容能力を超えると「殺処分」という判断が下されます。3月の肌寒い週末でした。「殺処分される犬がいるので助けて欲しい」という悲鳴に近い要請が動物愛護団体から入りました。もう殺処分の判断が下され、その団体では手の打ちようがなく、私のところに相談がきました。私はすぐに、施設の責任者と電話で談判し、殺処分を止めました。そして週明け早々、福島に出向いて3匹を救出しました。

この3匹はどれも雑種の雄です。そのうちの2匹は老齢犬です。訓練してもセラピードッグになれるかどうか確信はありません。しかし、家族と離れ、過酷な放浪生活を脱してほっとしているところだと思います。病気があれば治し、心のケアを行ない、人間との信頼関係を回復させて、残る時間をおだやかに過ごさせてあげたいと思っています。

それぞれ「青次郎」「松の介」「正宗」と命名しました。

青次郎は年齢の特定がしにくく、まだ5歳くらいで放浪しているうちに老けてしまったのか、もう10歳くらいになる老齢犬なのか、はっきりしません。幸い体重は20kg前後あり、がっしりしています。

松の介は山の中で放浪しているところを保護されました。健康状態は良く、体重は18kgほどあり、活発に野山を駆け巡っていたのでしょう、筋肉質の身体です。

正宗も放浪しているところを保護されました。2月12日に市町村役場に連絡がきて、13、14日の両日に有線放送を流し、近隣住民への聞き込みを行いましたが、家族は判明せず、保健所に来ました。体重は10kg強です。外見は健康そうですが、呼吸音に異常が認められます。

青次郎

犬種:雑種 オス　　生年:2003年〜2008年生まれ(推定)
捕獲日:2013年1月23日
捕獲場所: 福島市飯野町青木福
「青次郎」と命名

保護
5ヶ月後

松の介

犬種:雑種 オス　　生年:2008年生まれ(推定)
捕獲日:2013年2月13日
捕獲場所: 福島市松川町水原字板山
「松の介」と命名

保護
5ヶ月後

正宗

犬種:雑種 オス　　生年:2003年生まれ(推定)
捕獲日:2013年2月14日
捕獲場所:福島県伊達市霊山町下小国字宮田
「政宗」と命名

保護
5ヶ月後

「ゆきのすけ」のケース

〈人間が仕立てる「凶暴な野犬」という存在〉

私たちには全国に、動物愛護に携わる個人や団体のネットワークがあります。福島県の保健所の被災犬保護活動も終息に向かいつつある2013年の春、地元のボランティアの方から、「県北保健所に保護された被災犬が殺処分されそうなので救出して欲しい」との連絡が入りました。

県北保健所に連絡すると、「この犬は野犬で、威嚇行動をとり、まったく人に慣れようとしない。これまでに経験したことのないほどの激しい気性を持つ凶暴な犬なので、譲渡はできない」旨の返事がきました。

野犬かどうかはすぐに判断はできませんが、首輪もつけていないので、暫く人とのコンタクトがなかったことは容易にわかります。捕獲する際に手荒な扱いを受け、その後も人になつかないので自然にスキンシップもなくなって乱暴な扱いを受け続ければ、人間に対して警戒心を懐いたり、反抗的な態度をとるのは当たり前のことです。

それで凶暴な野犬と断定され、人にはなつかないから譲渡もできず、殺処分にするというのは、まったく人間の都合で動物の命を弄んでいるとしか思えません。

ケージのなかを覗くと、隅っこにうずくまって、不安げにこちらを見ています。目に入るものすべてが不安と恐怖の種で、自分を虐待するために近づいてくる。そう思っているかのように身構えています。

雑種にしては珍しいグレーの毛色で、愛くるしい顔をしています。

私はアイコンタクトをします。

「よく生きながらえたなあ。いままで、どこで何をしていたんだ。食べものはどうしていたんだ。若いうちからこんな目に遭って不憫だな。もっと早く人間出逢えていたら、こんな苦労はしなかっただろうに」と声をかけました。

この若い被災犬は「ゆきのすけ」と名付け、リハビリを行なっていますが、3ヶ月経っても人間不信から身体に触らせようとはしません。まず健康診断をして、病気の有無を確かめなくてはなりません。そのためには身体に触らなくてはなりません。それができないのです。9月3日に落ち着いたところを見計らって首輪を着けました。

しかし、3日後にはその首輪を食いちぎってしまいました。しかし、根気よく接しているうちに次第に心が通じ、打ち解けるようになってきます。その日を楽しみに、今日もゆきのすけとアイコンタクトします。

そして「ゆきのすけ」は私の腕の中で抱くことができたのです。

捕獲直後は「凶暴な野犬」と断定されていたゆきのすけ。

ゆきのすけ

犬種：雑種 オス　　生年：2013年生まれ（推定6ヶ月）
捕獲日：2013年5月
捕獲場所：福島県二本松市初森
「ゆきのすけ」と命名

第2章

セラピードッグは真っ直ぐな愛情で人を救う

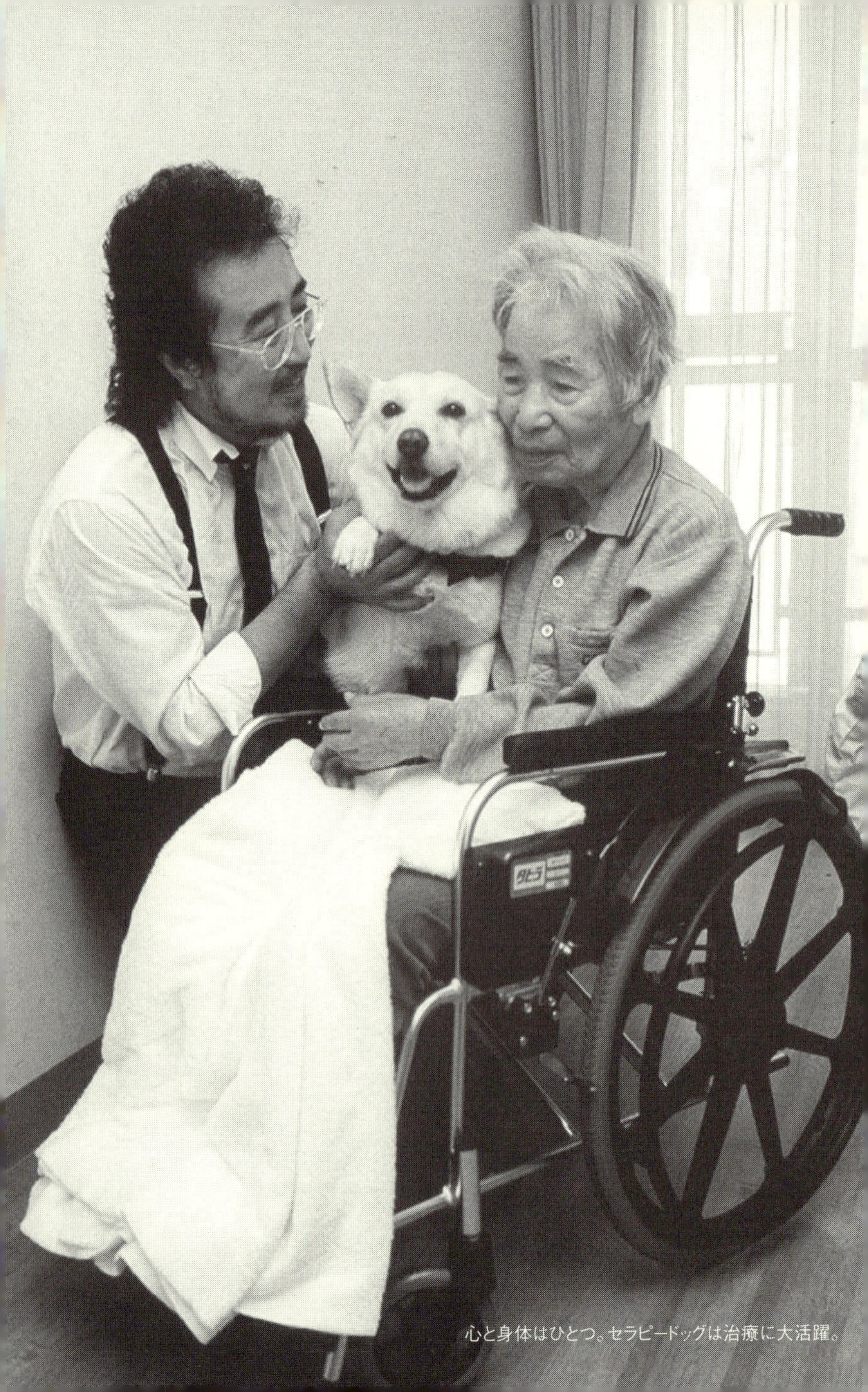

心と身体はひとつ。セラピードッグは治療に大活躍。

セラピードッグの活躍の場

治療に大きな役割を果たすセラピードッグ

これまで私は犬たちのことを長く「セラピードッグ」と呼んできましたが、その「セラピードッグ」は、治療の手助けをする特別な訓練を受け、老人ホームや障がい者施設、ホスピスなどで、高齢者や病気の人と接し、弱った心と身体を治す犬たちです。「Therapy／セラピー」は英語で「治療」をあらわす単語です。ですから「セラピードッグ」をそのまま日本語にすれば「治療犬」もしくは「治療補助犬」ということになります。セラピードッグたちの活躍の場はさまざまです。彼らを必要とするところであればどこにでもいきます。

〈介護を必要としている特別養護老人ホーム〉

セラピードッグとふれ合うだけでも、ふだん無表情の高齢者の顔にいきいきとした表情が戻り、笑顔が浮かんできます。そうなると、生きる勇気もわいてきますし、免疫力も向上します。

認知症の進行を遅らせたり、回復するケースも多々あります。痴呆が進んで表情も失った高齢者が、セラピードッグと接することによって話したり、手を伸ばしたり、笑顔を見せるようになります。

脳梗塞などの後遺症で手足が不自由になった患者さんが、犬に触れてみたいという一心から動かなくなった手を動かしたり、いっしょに歩こうと車いすから立ち上がることもあります。

長い間歩くことのできなかった方の歩行訓練の場合、単なるリハビリだとつらくて30分が限度でも、「犬といっしょに歩きたい」という一心で1時間以上喜んでリハビリに取り組む方もいます。気持ちと身体が鍛えられ、リハビ

目と目を合わせて心が通じ合えば、生きる力がわいてきます。

やさしいまなざしでがんばる姿を応援します。

リの効果は大きいものがあります。とかく高齢者は気持ちが後ろ向きになりがちです。でも、楽しさが前にあれば、行動できるのです。歩行訓練や言語の回復、リューマチのリハビリなど、医師や家族のみなさんと相談して、どのように回復力を高め、どこを治していくか、リハビリのプランを決めます。

〈知的障がい者が入所する施設〉

障がいを完全に克服することは難しいことですが、セラピードッグに接することで精神的安定を得て、日々の生活が落ち着くようになります。セラピードッグによって行動がおだやかになるように誘導していくことができ、ご家族や介護スタッフのみなさんのご苦労を軽くすることができます。

〈ホスピス（終末医療施設）〉

残りの命がわずかだと宣告された末期がんの患者さんが、セラピードッグとの触れ合いのなかから生きる意欲を取り戻してさらに長く生きることも多々あります。余命何日と宣告されることで、患者さんは望みのない状況に追い込まれ、死を身近に感じるようになってしまいます。失意が病に負ける大きな要因になります。セラピードッグを導入することで患者さんの精神的、経済的負担を軽くすることができ、生きようとする意欲がわくことを助けます。

終末医療という回復不可能な病にかかった方が、安らかな最期を迎えられるような治療方法があります。セラピードッグに接し、無邪気な姿に心がなごんだり、愛犬と過ごした日々を思い出したり、苦痛を和らげ、いやされるひとときを過ごします。この場合は、それぞれの症状に応じたケアの仕方を、患者さん本人や家族、医師と相談して決めます。

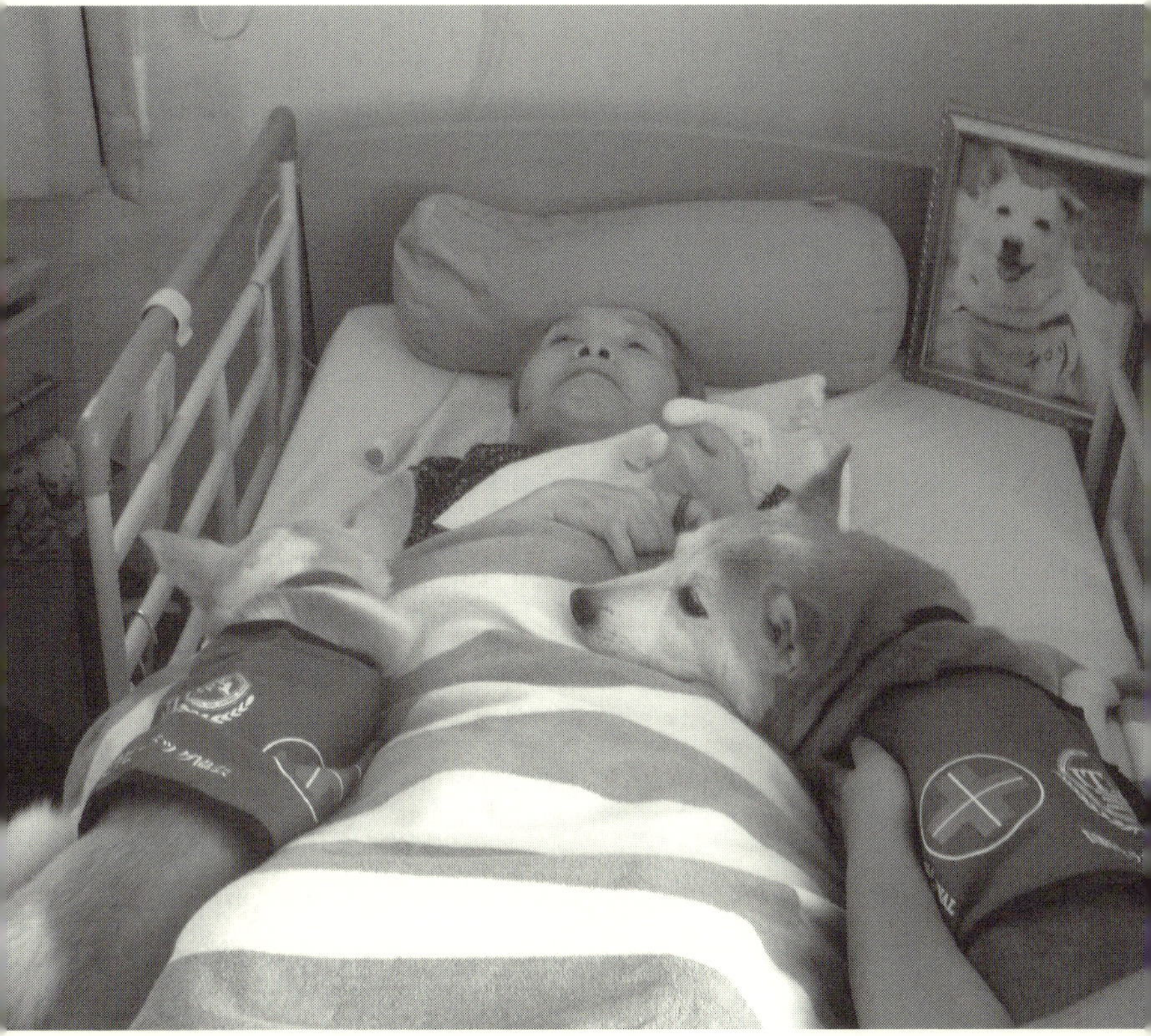

犬たちの無償の愛情がやすらぎとくつろぎを与えてくれます。

いっしょに笑えば心もはればれ、気分もさわやか。

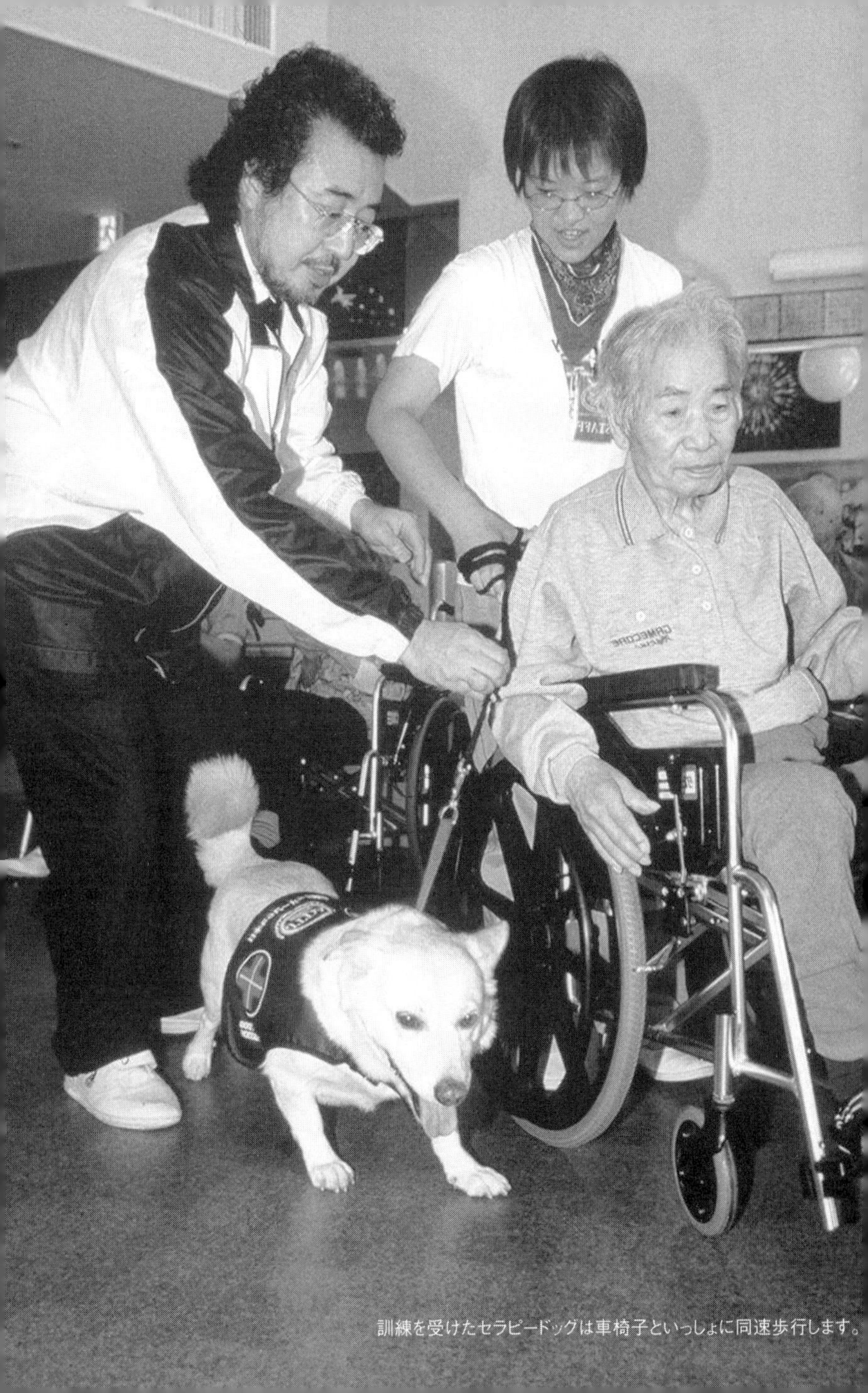

訓練を受けたセラピードッグは車椅子といっしょに同速歩行します。

服役囚の更生と再犯予防に、今後ますますセラピードッグが活躍します。

〈刑務所〉

罪を犯した服役囚の更生と再犯防止、そして社会教育実習のためにセラピードッグが活躍し始めました。アメリカでは、以前から服役囚の更生と再犯防止のためにセラピードッグが導入されていましたが、日本でもやっと実施されるようになりました。

罪を犯した人はかたく心を閉ざし、なかなか人の言葉は届きにくい面があります。しかし、刑務所内で犬とふれあい、セラピードッグへと訓練していくことで、犬との深い絆ができ、心の交流が生まれます。犬を育て上げることで、自分が人の役に立つ存在だという実感を得たり、やり遂げたという自信を持つことができます。そこから心を開いて、人の言葉に耳を傾けるようになるケースも多々あります。さらに出所後、セラピードッグの訓練士としての職に就くことによって、生活が安定し、再犯を防止することにもつながります。

〈心の病〉

精神疾患に関しては、これまでクスリや西洋医学で対応してきましたが、「心に効く」クスリや治療法はなかなかありませんでした。人間同士の愛情がブレはじめ、人間関係に亀裂が生じて耐えきれず、命を絶つ人が年々増えてきています。日本は毎年3万人前後の自殺者を生んでいるのです。特に50代60代の男性に多く、家族との絆を断ち切り、自らをあきらめて死を選んでいきます。その心の病にこそセラピードッグは有効です。

セラピードッグは個性豊か

いまでこそセラピードッグに対する理解が日本でも深まってきていますが、私がセラピードッグを日本に導入し始めた20年ほど前は、その活動や役割を理解している人はとても少なかったのです。私がその存在を始めて知ったアメリカでは、セラピードッグの歴史は長く、60年以上あります。

　では、セラピードッグになるにはどうすればよいのでしょうか。犬自身はもちろん、犬をセラピードッグに育てる人（ハンドラー）も、さまざまな内容の専門的な勉強と訓練を積み、試験に合格しなければなれません。

　私たちの国際セラピードッグ協会では、ハンドラーも犬たちも育成に2年以上かけて、45以上の訓練科目を受けてもらい、実習を行ない、その成果を試験で試します。その試験に合格した犬と

個性を生かしながら、犬たちの持っている能力をトレーニングで開花させます。

レーニングを終えて資格を得た犬だけが、はれてセラピードッグとして活躍できます。

ハンドラーだけが動物介在療法を行なう者として活躍できるのです。

セラピードッグをトレーニングするには、食べ物を与えて技術を覚えさせたり、失敗したときに体罰を加えて教え込むことは絶対にあってはなりません。「できたら、ほめる」を基本としています。人間が犬をしかって教えるのは、最も悪いしつけの方法です。トレーニングで重要なのは、人と犬との信頼関係です。体罰による恐怖心や、空腹感を利用して食べ物でつる方法では、真の信頼関係を築くことはできません。

一方、しかるときは毅然とした態度で短く真剣に行ないます。犬は人間の態度や表情、声の調子で状況を理解しますから、メリハリをつけてわかりやすく指示を与えます。そのとき、「しかる」と「おこる」とでは意味が違いますから、正しく対処することが大切です。愛情をもって「しかる」ことは信頼につながり、むやみに「おこる」ことは不信感を生むことになります。

トレーニングを終わるときにも注意が必要です。できなかったことを引きずることが一番いけないことであり、避けなければなりません。もし、そのときにできなくても、犬がいまできる指示をひとつかふたつ出し、犬をほめてからトレーニングを終わらせることが大切です。

また、トレーニングでは、犬それぞれが持つキャラクターや個性を殺さないことも重要です。セラピードッグたちが高齢者や病気の人と接するとき、さまざまな個性を持っているほうが、親しみやすく、コミュニケーションを深めることができます。

セラピーを受ける人たちは、ロボットのような、ただ人間の命令に服従するだけの犬を喜びません。ストレスを与えずに育てる。ほめて個性を伸ばす。そうして育った犬こそが、よいセラピードッグになるのです。

第3章

犬とブルースが支えてくれた大木トオルの人生

一家離散と吃音《きつおん》障がいで過酷な子ども時代

私は、戦後まもなく、東京の日本橋人形町に生まれ、経済的にはなに不自由なく暮らしていました。しかし、そんな生活も私が12歳のときに終わりを告げました。建築事務所を営んでいた父が事業に失敗し、多額の借金を抱え込んでしまったのです。借金のかたに住み慣れた家を取られ、一家は離散しました。両親とは生き別れ、祖父母とも引き裂かれ、故郷人形町を追われた私は、銀座の親戚の家に引き取られました。そこで、ご飯のお代わりまでも遠慮するような肩身の狭い想いをしながら、高校を卒業するまで暮らしました。

もうひとつ、子どものころの私は大きな悩みを抱えていました。生まれつき重度の吃音障がいがあったのです。特に「あいうえお」の母音の発音がなかなかできなくて、「おかあさん」と呼べないのがなによりつらかったのです。

もっとも心の通う友だちだった愛犬と4歳の私。

一家離散と吃音障がい、幼い私にとって生きていくにはとても過酷な境遇でした。しゃべろうとしてもなかなか言葉の出てこなかった私にとって、本を人前で読むのはもちろん、人と話すことすら、とても怖いことでした。学校で過ごす時間は苦痛以外のなにものでもありません。そのころ私の家では愛犬のメリーと暮らしていました。学校が終わると、一目散にメリーの待つ家にとんで帰りました。友だちも先生も、私がしゃべり始めるのを待っていてはくれません。ノドまで出かかっている言葉を必死に音にする前に、みんなクスクスと笑いだすのでした。

しかし、メリーはつっかえながらも名前を呼ぼうとする私の目をじっと見つめて、なんとか言葉になるまで待っていてくれます。ようやく言葉が出ると、しっぽを振って喜び、私の口元をうれしそうになめてくれるのでした。いま振り返れば、愛犬は私の心の支えになり、「心の痛みをやわらげる」セラピードッグの役割を果たしてくれていたのです。

犬とブルースの出会いによって自分の探していたものに巡り会う

もう一人、私の支えになってくれていたのが祖父でした。祖父は典型的な江戸っ子で、粋でハイカラな人でした。新しいことをどしどしとり入れる気風の持ち主で、ある日、当時としてはとても珍しかったステレオを買ってきてくれました。実は祖父は、私に友だちができず、学校から帰ってきてもいつも一人で過ごしていることを気づかってくれていたのです。

ラジオや蓄音機が主流だった当時、ステレオから流れてくる音楽の迫力はすさまじいものでした。なかでも1日中英語でヒット曲を紹介していた米軍放送（FEN）には衝撃を受けました。特に黒人たちの歌うブルースは私の心をわしづかみにしました。まだ英語の歌詞の意味などわからなかった私ですが、差別や抑圧に負けずに生きている喜びを歌いあげるブルースは、力強く私を励ましてくれました。いつしか私は彼らの歌を見よう見まねで口ずさむようになっていました。

するとと、話すときにはつっかえていた言葉が、歌うときにはすらすらと出てくることに気がつきました。言葉にメロディーがつけば、肩の力が抜けて、無理なく出てくるのです。夢中で歌っていると、眼の前に聴衆の姿が浮かび、気分はすっかり大物ブルースシンガーになり切っていました。それからの私は、ブルースと犬という強い味方を得て、劣等感にさいなまれることなく、「ブルースシンガーになる」という自分の目標に向かい、進み始めました。

私は16歳のころには、昼間は高校に通い、夜になると渋谷や六本木などのクラブで歌って生活費を稼ぐようになっていました。そのころ、高度経済成長まっただ中の1960年代でした。このころから米国で親しまれていたソウルミュージックは少しは受け入れられていましたが、もっぱら黒人が歌うブルースは日本ではそれほど知られてはいませんでした。ブルースという音楽は、もともとはアメリカで人種差別でしいたげられた黒人たちが、つらいことや悲しいことを乗り越えるために、自分たちに歌った応援歌でした。その生い立ちや境遇が私の人生と重なり合って、とても身近に感じ、いつしかその魅力にとりつかれていったのです。

プロの歌手になって10年ほどがたち、ようやく仕事が軌道に乗り始めたころでした。ある日、胸苦しさを覚え、病院に診察を受けにいきました。医師からは、「結核です。歌はもう無理です。これ以上無理をしたら死ぬ危険性もあります。いいつけを守って根気よく療養するしかありません」と宣告されてしまいました。

結核は感染するこわい病気でもあり、完全に治るまで長期にわたり治療することが求められるやっかいな病気です。

私の肺には、結核で小さな穴が3つ空き、心のなかにはもっと大きな穴がぽっかり空いてしまいました。やっとつかんだ生きがいであり、唯一の生活の糧であるブルースを失ってしまえば、その先どうやって生きていけばいいのか途方に暮れてしまいました。

結核は、空気のきれいなところで規則正しい生活を送りながら治療を受けなければ完全には治りません。ブルースを歌うことも出歩くことも禁止されている私にとって、闘病生活の日々は退屈を通り越して苦痛以外の何物でもありませんでした。

長い間の闘病生活のなかでは、さまざまなことが起こります。ある日のこと、私は病室でひとり静かに横たわっていました。しんとした空気のなかで耳を澄ますと、隣の病室が妙に静まり返っているのが気になりだしました。その病室に入っていた方は、孤独に耐えられなくなるのか、夜になるといつも壁をノックしてきました。私も、それに応えてノックをし、小さな交流ができていたのですが、その晩に限って、そのノックがありませんでした。

次の日の朝、気になって廊下に出てみると、隣の病室のドアが開け放たれ、看護師が部屋を片付け、空っぽになったベッドに真新しいシーツを敷いていました。毎晩、壁をノックして私にその存在を示してくれていた人は、亡くなったのです。

昨日まで確実に隣にいた人が今日はもういない。私はいいようのないむなしさにおそわれ、さみしさを感じました。次は自分の番かもしれない、そう考えたときに、くやしさがわき上がりました。そして、「このままでいいのか、必ずもう一度ブルースを歌ってやる」という、強い怒りと決意がこみ上げてきました。そのためには、まず結核を治さなくてはなにも始まりません。

節制や努力のかいあって、２年半かかり、やっと退院することができました。しかし、療養所を出たからといって、どうやって生きていくのか、まったくあてがありませんでした。確かなことは、このままではダメになるということくらいでした。

どうしたらいいのか？

私の出した答えは、「ブルースの本場であるアメリカで、自分を試してみる」ということでした。

持っていた楽器や機材を売ったわずかばかりのお金を持ってアメリカに渡りましたが、確かなあてがあるわけでもなく、明確なビジョンを持っていたわけでもありませんでした。さしあたりやっかいになろうと、東京で知り合いになっていたロスアンゼルス近郊に住む黒人ファミリーの家に転がり込みました。

ブルースの本場に勢い込んで乗り込んだ私でしたが、すぐに現実の厳しさを思い知らされることになりました。本場のブルースは、私の歌うブルースとはけた違いに迫力がありました。圧倒する声量と深い情感で歌われるブルースは、聴く人の心をゆさぶり、魂に訴えかけてくるものがあります。アメリカ人でも、まして黒人でもなく、経験の浅い私ではとうてい太刀打ちできるものではありません。

すっかり気落ちした私は、ファミリーのビッグママに、「とても自分のブルー

ニューヨークハーレムにて。

スは通用しそうにない。日本に帰ろうと思う」と弱音を吐きました。すると彼女は首を振って、「トオル、あなたはブルースをじょうずに歌おうとしていないかい？」と聞いてきました。意外な問いかけに私は、「それはそうだけど……」と言いよどみました。

するとな、いつもは笑顔の彼女は私の目を真っ直ぐに見て、「いいかい、この国でブルースを歌って生きていくなら、ひとつだけ方法がある。苦しいこと、つらいこと、悔しかったこと、悲しいこと、うれしいこと、たのしいこと、すべてを歌に込めて歌うのさ。魂を込めて歌うんだよ」と言いました。

「でも、どうやって？」と私は聞き返しました。「トオル、あなたは東洋人で、白人でも黒人でもない、イエローなんだ。この国ではたくさんの差別や偏見にさらされるだろう。つらく厳しい思いをたくさんするはずさ。悲しいけれど、それがアメリカの現実なんだ。その思いを数多く味わって、そのときに感じた気持ちを歌に込めるんだよ。そうしたら、おまえの気持ちのこもった

1979年、成功を収めた大木トオルブルースバンド。

歌に耳を傾けてくれる人たちがきっと出てくる。そうして人の魂に届けられた歌がブルースなんだよ」。

その言葉に私は、はっとしました。それまで見よう見まねでやってきた私のブルースが、なんだか薄っぺらなものに感じたのです。毎日の生活のなかで起きること、それから逃げずに立ち向かうことは確かにつらく、耐えがたいことです。でも、つらく、悲しく、苦しいことに耐えるために陽気に歌う力強い人生の応援歌がブルースなのです。私は彼女の言葉に、胸のつかえが落ち、この国で本物の、大木トオルのブルースを歌うために、一から出直そうと心に決めました。

その後、目立った活躍もできないまま月日は流れ、ロスアンゼルスからニューヨークに移りました。ニューヨークでも、待っていたのはあいも変らぬ過酷な毎日でした。そんなある日、立ち寄った高齢者の施設で、赤十字のベストを着て活動する一群の犬たちを目にしました。

高齢者施設には、認知症の患者もいれば、脳梗塞などで手足が動かなくなった障がい者もいます。そして、家族から見放され、孤独と後悔にさいなまれながら人生の終末を迎えつつある高齢者もいます。

そんな高齢者の集まるホールに入ると、犬たちはいきいきと活動を始めます。松葉づえをついた老人が歩き出すと、一頭の犬がつき、ゆっくりとした老人の足取りに合わせて歩き出します。車イスの老人に犬のリーシを渡すと、犬は車イスの左側にぴったりと寄り添い、お年寄りのようすをうかがいながら、車イスの速さに合わせて歩きます。

私は、犬たちがこんな働きをするのを見るのは初めてでした。どんな訓練を積めば、こんな動きができるのか、不思議に思っていました。なにかの後遺症で手が動かなくなっていたのでしょう、ひとりの老人がいました。その老人に一頭の犬が近づき、目と目を見合わせ、ぺろぺろとその手をなめ始めました。すると間もなく、強張っていた老人の顔に笑みが浮かび、やさしくその犬を見つめました。そして、固くにぎったままだった手をゆっくりと動かし、指を開いてその犬の顔をなで始めたのです。

「犬には人の病を治す力がある」、その光景を目の当たりにして、私の胸は熱くなりました。吃音障がいで苦しんでいた私を励ましてくれたメリーの姿を思い出したからです。

そして私は35年間の経験を経て、45教科のセラピードッグ訓練カリキュラムを考案するまでになりました。

第4章

それまでの常識を覆して
捨て犬をセラピードッグに

日本におけるセラピードッグの歴史

アメリカでセラピードッグの活躍を初めて知ったときから15年近く経った1992年には、私は自らの使命としてセラピードッグを日本に導入しようと決めていました。そのころ、アメリカではセラピードッグが医療の現場に入って人を助けているというのに、日本では盲導犬という言葉がやっと広まり始めた程度でした。私はアメリカでセラピードッグに関する情報を集め、帰国するたびに日本の医師や医療機関に説明して歩いたのですが、犬が病人や高齢者を救うということがなかなか理解してもらえませんでした。どれだけ効果があがるのか、実際にその眼で確かめてもらわないと理解されないと考えた私は、日本にセラピードッグを連れてきて、実例を確かめてもらおうとしました。

私がアメリカから連れてきた犬は、ハスキー犬のダンでした。ダンは日本に来た最初のセラピードッグであり、優れた能力を発揮してくれました。ダンの医療現場や介護施設での活躍ぶりは広く知れ渡るようになり、次第にセラピードッグに興味を持つ医師や福祉関係の方がたが増えてきました。

人間に殺される寸前に助け出された捨て犬

アメリカのセラピードッグがそうであるように、ダンもまた血統書つきの犬でした。いまのように捨て犬をセラピードッグに育てるという試みはまだ誰もしていませんでした。東日本大震災で被災地を訪れたセラピードッグもそうでしたが、私たち国際セラピードッグ協会で活躍するセラピードッグの多くは、人間に殺される寸前に命からがら助け出された捨て犬です。

犬を家族の一員として保護する欧米と、番犬や猟犬として飼育してきた日本とでは、その扱い方がちがっています。日本のペットの死因の一番は、事故や病気ではなく、人の手による殺処分です。飼い主の勝手な都合で捨てられた犬は、捕獲された後、5日間係留され、その間に飼い主が現れなければ、ガス室に送られて殺されてしまいます。その数は、犬と猫を合わせて多い年で、当時は100万匹を超えることもありました。しかし、30年ほど行政への働きかけや法律の改正などにとりくんできた結果、現在では犬は10万匹近くまで減ってきています。

死の恐怖におびえながら最後の日を迎えた捨て犬たち。

日本のペット産業は現在、年間1兆5000億円の売り上げをあげるほどに急成長しています。しかし、その陰で、人間たちの無責任なふるまいによって、いまでも多くの犬や猫たちが殺処分されています。捕獲されて保健所や各地の動物愛護センターに持ち込まれた犬たちは、5日間という短い間に家族が現れて引き取らない限り、人の手によって殺される運命にあるのです。

なぜ、このように日本では犬や猫を捨てる人間が多いのでしょうか。それは、日本人が狩猟民族としてではなく農耕民族として生きてきたことと深く関係しています。人と犬とが共同生活を始めたのは、いまから1万年～1万5000年前の太古の時代までさかのぼるといわれています。人と犬とは、生きるために獲物をとらえ、チームワークを重んじ、とらえたものを分け合う生活をしていました。人と犬とは互いに協力することで支え合ってきたのでしょう。犬はその優れた嗅覚で獲物を見つけ、追跡し、追いつめます。人間は、犬ほど速く走れないことなど、体力的に差がありましたが、知恵を働かせて武器を作り、獲物を射止めました。このように協力して獲物をとらえ、分け合うことで、パートナーとしての関係を築いてきたわけです。

また、犬は狩のときに役立つだけでなく、危険の多い夜間などは、その優れた嗅覚や聴覚で外敵を見つけ、人間たちを守ることもできたのです。その結果、犬と人間はお互いに助け合って、信頼し合う関係を築いていきました。

しかし日本では、農耕が主流であったため、人と犬とが共同で作業するという習慣が根づかず、さらに畳生活であるため土足で屋内に入らないという生活スタイルなどが大きく影響して、人と一緒に生活し、人の生活を助けるということが少なく、番犬としての役割しか与えられてきませんでした。その結果、犬を家族の一員として接し、「飼う」のではなく犬と「暮らす」という言い方をする狩猟民族とくらべ、現在でも日本では、「飼う」という意識で犬に接しています。

「暮らす」と「飼う」とでは、人間の気持ちは大きく違います。「飼う」というのは、人間が「飼ってやる」という意識であり、いざとなれば「捨ててもいい」という責任感の薄さが感じられます。それに対して「暮らす」という意識で接する場合は、お互いの存在を認め、権利を尊重し、最後まで責任をもって保護するという姿勢です。この長い間の生活習慣によって形成された犬に対する意識が、多くの捨て犬を生み、殺処分を行なう原因となっているのです。

殺処分の現状は悲惨なものです。保健所や各地の動物愛護センターには、捕獲された犬や飼い主によって持ち込まれた犬たちが集められています。

犬たちの収容所には、長い廊下に沿って5つの部屋があります。収容された犬たちは最初に1日目の部屋に入れられ、引き取り手が現れなければ2日目、3日目の部屋と移され、5日目の部屋に入り、最後にガス室へと送られます。犬たちは、自分たちをこれから待ち受ける運命を知っているかのようにおびえます。やがて6日目の朝がくると、人間の手によって殺処分されるのです。

ガスを吸ってすぐに死ぬわけではありません。ガスを吸うことによって、生きるのに必要な酸素が絶たれ、すぐそこまできている死の恐怖を感じながら、もがき苦しみながら死んでいきます。折り重なって死んでいった犬たちの死体は、まだ息のある犬も含め、焼却され、真っ白な骨粉となり、袋に詰められ捨てられます。

私たちは、このような過酷な運命をかいくぐってきた捨て犬の中から毎回何匹かを救い出します。収容所を訪れるたびに、ここにいる犬のすべての命を救いたいという思いにかられます。しかし、それはできません。連れて帰って、セラピードッグに育て上げるには多額のお金がかかります。私自身の力だけでは全部の犬たちに生きるチャンスを与えることができません。

救助された犬たちにも、もうひとつのハードルが待っています。それは収容所内でのウイルス感染症の危険です。九死に一生を得て助かっても、もう一度隔離室に移され、感染症のチェックを受けます。しかし、食べ物を求めて不衛生な場所を歩き回ったり、不潔な環境で過ごしてきた犬たちは、すでに感染症にかかっていることが多く、収容所を出る前に命を落とすことも少なくありません。

ほんのわずかな助かる命と、圧倒的に多く殺されていく命。収容所に来るたびに、犬たちを救えないつらさと自分の無力さを感じさせられます。

殺処分するガス室。

愛護センターのなかは5つの部屋に分かれ、日一日と死が近づき、殺処分されます。

閉鎖的だった愛護センターも、いまでは見学者を受け入れるようになりました。

殺処分され、消却された捨て犬たちの骨は、袋に詰められます。

無造作に積み重ねられた骨の詰まった袋。
多くの命が失われています。

捨て犬たちを殺処分し、焼却する作業を管理するコントロールセンター。

主を失った首輪。これを買った飼い主は、そのときの気持ちを忘れてしまったのでしょうか。

第5章

1匹の捨て犬が教えてくれた大切なこと

チロリが拓いた捨て犬の可能性

セラピードッグの育成と日本での普及に努めていた私たちは、2000年に千葉県松戸市にセラピードッグの訓練所「ユナイテッド　セラピー・ジャパン・トレーニングプラザ」を開設し、2002年に全国的な組織として「国際セラピードッグ協会」を設立しました。日本でも着実にセラピードッグへの理解が深まり、社会的に受け入れられるようになった成果です。そのかげには、1匹の捨て犬の存在を忘れることはできません。

2002年にアメリカから初めてセラピードッグのダンを連れてくることになりましたが、その年、後に私たちの活動を大きく前に推し進める役割を果たす1匹の犬と出会いました。その犬こそチロリでした。

チロリは、アメリカから連れてきたセラピードッグのように血統書のついた犬ではありません。それどころか、あと一日遅れれば保健所のガス室で殺されてしまう運命の「捨て犬」だったのです。間一髪で救い出すことのできたチロリは、とても愛情深く、思いやりがあり、賢く、勇気のある犬でした。

それまでセラピードッグは、訓練に対応できる、選ばれた犬だけがなることができたのです。しかし私は、この雑種犬のチロリをセラピードッグとして育ててみようと決心しました。殺処分寸前の捨て犬チロリが訓練を受け、セラピードッグとして人を助ける姿を目にしたら、捨て犬とセラピードッグを見る日本人の目がきっと変わるだろうと考えたからです。それまでの常識からすると、とても大きな賭けであり無謀ともいえる挑戦でした。

私がつくったセラピードッグになるための教育課程は45教科にもおよび、かなり優秀な犬でも試験に合格するまでには2年以上、普通の犬なら3年以上かかる厳しいものです。しかしチロリは、教科をわずか6ヶ月でクリアしてしまいました。

チロリはただ賢いだけの犬ではありませんでした。セラピードッグになるための訓練でも、大型犬たちにまじり、少しも気後れすることなく、その力を発揮したのです。訓練が終わるころには、いっしょに訓練を受けた犬たちみんなが、チロリをリーダーとして認めたほどでした。

なぜ、小さなメスの雑種犬のチロリが大きなオスのハスキーたちのリーダーになることができたのでしょうか。その答えはチロリの並はずれた統率力にあります。

ふだんはおとなしいチロリですが、食事やトレーニングが始まると、しっかり周囲の状況を見きわめて、ここぞとばかりに他の犬よりも前に出ます。そして強力なリーダーシップを発揮します。大きくて強い相手に対しては、先手を打って威嚇します。この積極的な態度は、生き抜くために自分の身体をはって覚えた処世術なのでしょう。野良犬時代に、敵を遠ざけ、子犬たちを守るために身につけたサバイバル術です。

その一方で、チロリは弱いものや自分の味方になってくれるものたちへは、

やさしさと統率力で、チロリは誰もが認めるリーダーとなりました。

深い愛情を示しました。それは誰もが目を細めるほど、こまやかなものでした。

こんなこともありました。チロリと仲良しの1匹にブラニガンがいました。ブラニガンはシベリアン・ハスキー犬として全米チャンピオンにもなった犬です。世界のドッグ・ショーに参加しながら、アメリカでは優秀なセラピードッグとしても活躍していました。

チロリが初めて私たちのケンネル（犬舎）にやってきたとき、唯一、やさしく迎えてくれたのがブラニガンでした。温厚で誰からも好かれるブラニガンには、チロリもすぐに心を許し、たちまち仲良しになったのです。

アメリカに里帰りしていたブラニガンが日本を再び訪れたのは、チロリがケンネルにきてから3年目のことでした。ブラニガンはガンに侵されていたのです。当時、日本で考えられる限りの方法を試み、治療に手を尽くしました。ガンを切り取る手術は成功したものの、その後、再発と転移が進み、辛く苦しい闘病生活が続きました。チロリは、そんなブラニガンにやさしく寄り添いました。

毎日、排便のために外に出るブラニガンを導くのがチロリの役目でした。チロリは、ゆっくりと歩くブラニガンにあわせて、さらにゆっくりと歩くのでした。ガンの苦しさにうつむいて立ち止まってしまうブラニガン。チロリはそんなとき、５、６歩前に出てはうしろを振り返り、「もう少しがんばって」と励ますように、誘います。チロリの誘導の仕方は、まさに病人や老人の歩く速さにあわせて進む、セラピードッグの歩行そのものでした。

身体は日々、弱っていくブラニガンでしたが、それに反して表情は次第におだやかになっていきました。チロリの存在がブラニガンにやすらぎを与えていたのでしょうか。一方、チロリの額には、ブラニガンを心配するかのようにしわが刻まれていきました。チロリのブラニガンに対する毎日の気配りは、とてもこまやかでした。それは、チロリがケンネルに最初にやってきて、不安でおびえていた日、ブラニガンだけがしっぽを振って迎えてくれたことへのお返しだったのかもしれません。

どんな犬種でもセラピードッグになれますが、ひとつだけ重要な条件があります。弱いものに対する思いやりです。資質としてこれを持っていなければ、身体や心に障がいをかかえた人たちや、介護を必要としているお年寄りたちの心を開かせ、寄り添うことはできません。ブラニガンにはセラピードッグとして不可欠の思いやりがあったからこそ、チロリをあたたかく迎えてくれたのです。

しかし、手術の4ヶ月後、ブラニガンは天国へと旅立ちました。亡くなる数時間まえ、ブラニガンに添い寝しながら、目を開いて眠ろうとしなかったチロリの辛そうな顔が、いまでも忘れられません。ブラニガンが私の腕の中で眠るように亡くなったあと、ふるえる私の手を、チロリはゆっくりとやさしくなめてくれました。そして、小さな額にシワを寄せて、深い悲しみにしずん

チロリ最後のセラピー活動の日（社会福祉法人シルヴアーウィング・東京都中央区）。

だ表情をしました。ブラニガンの遺体に寄り添って離れようとしないチロリの姿は、悲しみに打ちひしがれていた私の心をそっとなぐさめてくれました。こんなチロリはセラピードッグとして、多くの人を助けました。

やさしい素直な性格がわざわいして、ちょっとしたきっかけで学校にいけなくなった中学生がいました。以前から動物が好きだったこともあり、セラピードッグをトレーニングする経験をしてもらえば、不登校から抜け出せるかもしれないと思い、私たちのところにきてもらいました。

彼はセラピードッグが老人ホームを訪れて高齢者と接する姿を見たり、トレーニングにつきあううちに、犬の持つ不思議な力にはげまされていきました。そして、「犬と過ごすようになってから、前よりやさしくなれたような気がする。それに、思ったことを、人にはっきり言えるようになった。犬はぼくの気持を黙ってうけとめてくれるから、うれしい。人間の友だちとは違う、あったかさがある」と感じるようになりました。この中学生は、やがて学校にも通えるようになり、将来は自分の飼っている犬をセラピードッグに育てあげ、お年寄りを元気づけたいと思うようになりました。

認知症をわずらい、すっかり記憶力が衰えてしまったおばあさんがいました。訪れるたびに、セラピードッグの名前を呼んで、ふれあいたい、セラピードッグといっしょに車イスで歩きたい、という意欲がわいてきました。そして、犬の名前を覚え、ふれ合い、一緒に歩くようになりました。

それまで犬に触ったことがなく、最初セラピードッグを怖がっていたおばあさんがいました。チロリの笑顔にうながされて、おそるおそる頭をなでているうちに、心が通い合うようになりました。チロリと出会ってからは、日に日に言葉に勢いがつき、わかりやすく話せるようになりました。チロリに自分の言葉を伝えたいという思いが、症状を改善していったのです。そしてチロリと次に会える日を心待ちにすることで、生きる意欲を取り戻していきました。

自宅で転んで首の神経を傷つけ、手足がまったく使えなくなったおばあさんがいました。中里栄子さんです。セラピードッグに接するのは初めてで、最初は不安からか、チロリをにらみつけていました。チロリが出会う人に求めているのは、その人の心からの笑顔でした。長い人生で人と人とのかかわりあいに疲れてしまった高齢者も、本当の愛情を探し求めています。人生の終わりに近づくほど、本物のやさしさに出会いたがっているのです。

最初はチロリをにらみつけていた中里さんも、何回か訪れるうちに心が通いはじめたのか、そのうち、笑顔をみせるようになってきました。下半身不随のため、中里さんは長い時間、車イスから身体を起きあがらせることはで

いく先々で人気者になるチロリは、誰からも愛される存在でした。

きません。しかし、腕と手首だけは、なんとか動かせるのです。ゆっくりリハビリをくりかえすうちに、チロリの頭をなでようとする手は、5センチ、10センチと、次第に前に出せるようになっていきました。そしてある日、中里さんの手は、小さくふるえながら、ついにチロリの頭まで届いたのです。中里さんは、チロリが帰るときにも、一所懸命に話しかけようとしました。

90歳を超え、言葉を話すことも、歩くこともできなくなった寝たきりのおじいさんがいました。長谷川外吉さんです。長谷川さんは昔、犬を飼っていて、とてもかわいがっていました。チロリと接するうちに、昔の愛犬との日々を思い出したのか、なんとか会話しようとするようになりました。

多くの高齢者が、自分の身体が衰弱したと思いこみ、歩くことをあきらめてしまいます。立つためには、周りの人の適切な介助も必要ですが、もっとも大事なのは本人がもう一度自分で立って歩きたいという気持ちになることです。そのきっかけとなる勇気を奮い起させるのがセラピードッグであるチロリの役目です。

セラピードッグによって立ち直る心の痛手

高齢者施設での入居者のなかには、最初は、「なんでこんな所に自分を入れたんだ」と不満を持ったり、怒る人もいます。そのうちに、そんなことを考えても何も変わりはしないとあきらめて、無言になっていきます。内心では、家族に対して「なんでこんな目にあわせるのか」と、言いたいことがあっても、何も言わずに亡くなっていきます。

そのとき、最期をみとった家族の口から必ず出てくる言葉があります。最後まで家で世話をできなかった謝罪と後悔の言葉です。私はたびたび、そんな場面に出くわしました。

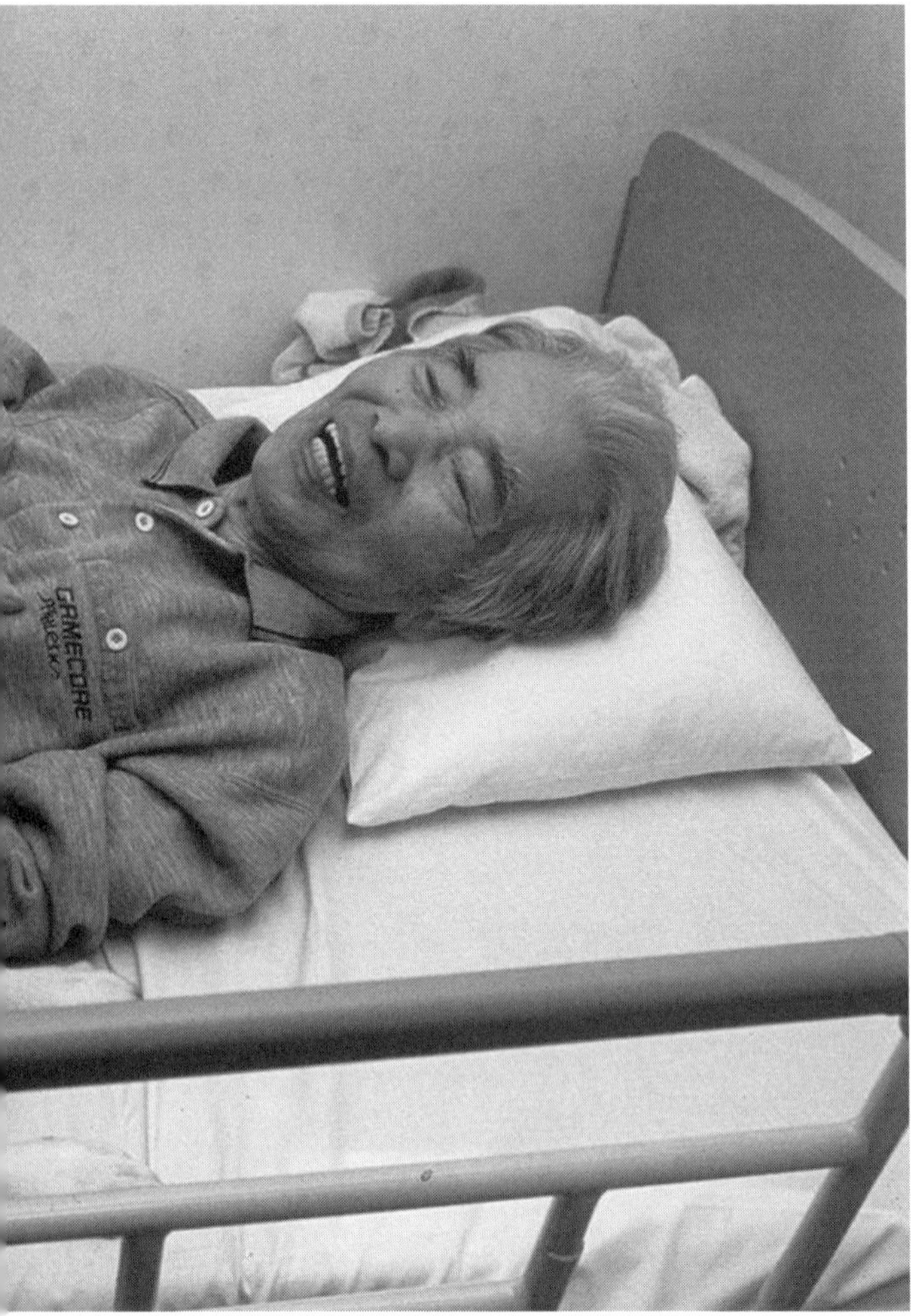
GAMECORE

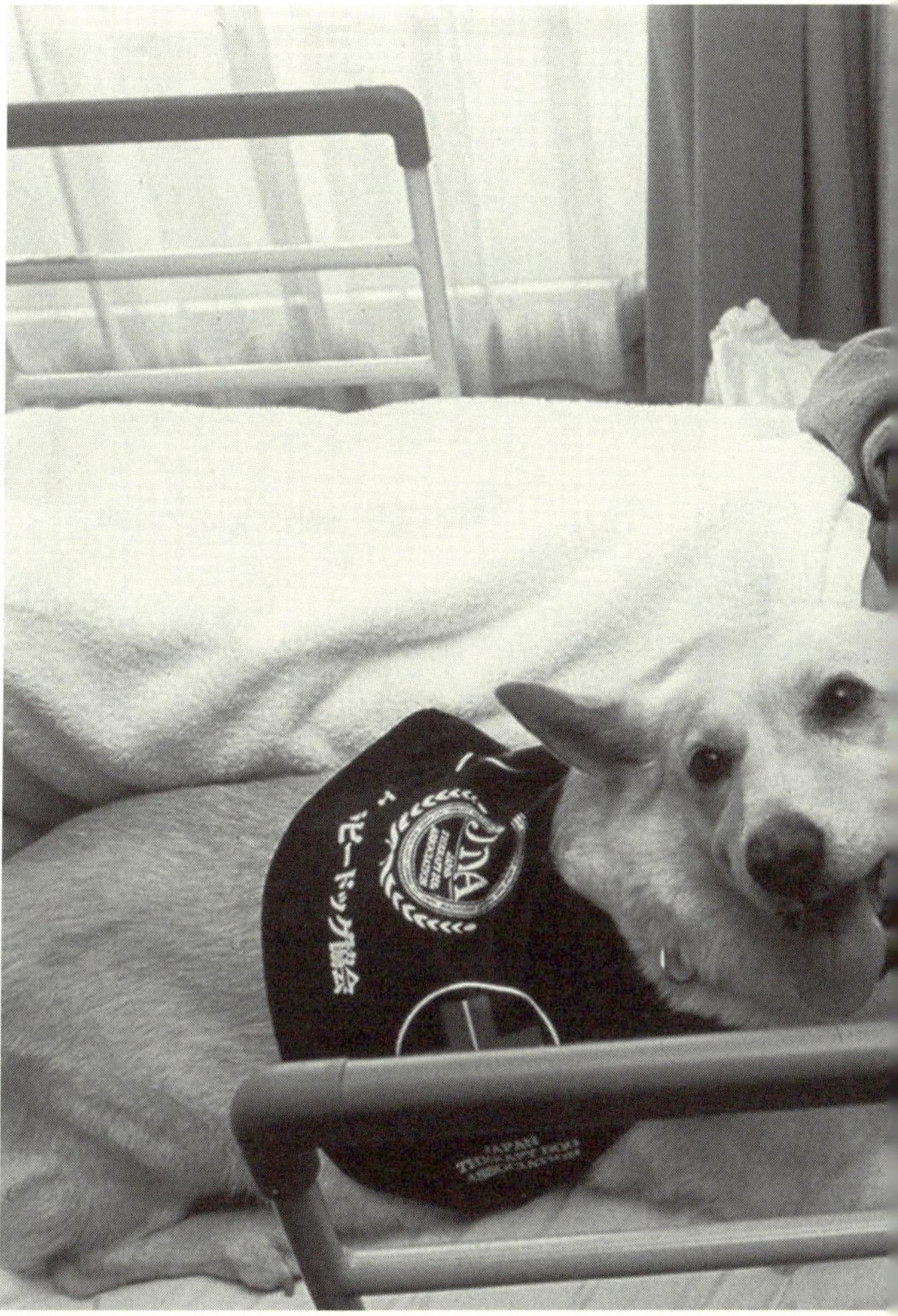

下町の洋食屋、長谷川外吉さんはアルツハイマーと闘いました。犬好きだった昔の思い出をたどりながら、チロリとともに言葉、記憶、歩行を取り戻しました。集中治療室での最後の言葉は「チロありがとう、会えてよかった…」。

しかし、セラピードッグと出会って、犬の純粋な愛情に接していくうちに、たとえ家族とは断絶していても、犬には心を開いていきます。

1匹の犬が持つ素朴でぶれない愛情によって、高齢者たちが生きる気力を取り戻すのです。犬たちのもつ愛情の力は、事実として人間の不安定な愛とはくらべようもないほど強いのです。

そして、犬たちの純粋な愛情に接しているうちに、心の内に秘めていたうらみや怒りが次第に収まり、最後には「ありがとう」と言って亡くなっていきます。うらみや怒りにゆがんだ顔ではなく、ありがとうという感謝の気持ちに満ちあふれたやすらかな顔で亡くなっていくのです。

セラピードッグになるには、犬種も血統も問いません。どんな雑種でも、適性さえあれば立派に活躍していけます。セラピードッグは、アイコンタクトと呼ばれる相手の目をじっと見ること、相手のスピードと状況にあわせて歩くこと、寝たきりの人に添い寝すること、などの多くの技術をトレーニン

国立東京大学病院でのセミナー。

薬剤師の会でのセミナー。

小学校での講演（東京都北区）。子どもたちは真剣なまなざしを向けてくれます。

グによって身につけます。

チロリは驚くほど短期間にこれらの技術を身につけ、雑種犬でも立派にセラピードッグになれることを証明し、あとに続く捨て犬たちに道を開きました。

セラピードッグの訓練所「ユナイテッド　セラピー・ジャパン・トレーニングプラザ」と「国際セラピードッグ協会」を設立した後、私たちはセラピードッグを扱うハンドラーを養成するシステムを設立しました。

セラピードッグを育成するには、ハンドラーも養成しなくてはなりません。ハンドラーはただ犬が好きということだけではなれません。活動する場所が高齢者施設や病院、障がい者施設などですから、犬のハンドリングだけではなく、公衆衛生や動物行動学などを学ばなくてはならないのです。さらに、ハンドラーの人間性も磨く必要があります。

私たちがセラピードッグとして訓練している捨て犬たちは例外なく、人から虐待された経験を持っています。その心の傷をいやして、人間のために愛情を持って接してもらうためには、さらに大きな愛情と忍耐力が求められます。過去の虐待を受けた経験そのものを消すことはできません。

しかし、寝食をともにしながら、喜びや楽しみを分かち合うことで、犬との信頼関係を築いていく、そこに近道はないのです。

大学生を前に特別講義。

振り返れば、いまでもそこにチロリがいるような気がします。

第6章

生きることを絶対にあきらめてはいけない

チロリのまいた種が、いま花開こうとしている

重いリューマチで変形した手をなめていやすチロリ。寝たきりの人のベッドの横で愛情のこもった笑顔を見せるチロリ。杖をついた人や車いすの人に寄り添って歩行をサポートするチロリ。残り少ない命だと宣告された人に生きる勇気をあたえて延命させていくチロリ。無邪気なしぐさと笑顔で人の心をほっこりさせるチロリ。

チロリは驚くほどの力を発揮し、多くの人を助け、なぐさめ、感謝されてきました。私自身、チロリからたくさんの生きる勇気をもらってきました。チロリは私にとっても、とても大切な、かけがえのない存在でした。

しかし、悲しいことに犬の寿命は人間よりはるかに短いのです。

チロリも年をとってきました。子犬のときから育ててきたのではないので、確かな年齢はわかりませんが、もう15歳近くになっていました。人間で

いえば80歳近いおばあさんです。年老いたチロリは次第に体力の衰えをみせはじめました。しかし、もっと恐ろしいことが進行していました。乳がんに侵されていたのです。医師からは余命3ヶ月と宣告されました。

チロリの命を救うためにやれることはすべてやりました。しかし、やがてくるべきときがきました。私たちは永遠の別れを告げるときに立ち会うことになりました。最後に目と目を合わせたとき、チロリは私に「ありがとう」と言っているように見えました。だとしたら私のほうこそ、チロリに何千回も「ありがとう」を言わなければなりません。私はたびたびチロリに救われたのですから。

捨て犬として殺処分寸前で命を救われたチロリは、多くの殺されていった仲間たちの魂を背負って走り続けたに違いありません。そのチロリが私の心に残していった言葉は、「人も犬も、生きることを絶対にあきらめてはいけない!!」ということです。

ひとりでは生きていけない

被災されたみなさんに接して私がつくづく感じたことは、「人はひとりでは生きていけない」ということです。今回の東日本大震災では、強い地震と巨大な津波によって、家や道路だけでなく、家族や友人、地域社会との絆が跡形もなく失われてしまいました。

被災者のみなさんは、通常の孤独ではなく、最愛の家族や友人、それまで生きてきた自分たちの街を失うという究極の孤独にさいなまれることになりました。

日を追うごとに、自分だけが生き残ってしまったという後悔の念におそわれ、そこから生まれる孤独感に打ちのめされます。孤独感と無力感にさいなまれたとき、無償の愛情が心を強くしてくれます。被害の大きさにくらべれば小さな力ですが、その役割を担ったのが、セラピードッグたちです。

チロリのお別れ会。祭壇には行政、養護施設等から多くの感謝状が。

天国のチロリが教えてくれたのは、いま、直接自分で感じることができなくても、「命は、絶対、だれかが祝福してくれている」ということであり、「生きることを絶対にあきらめてはいけない」ということです。

一度は死ぬ運命にあった捨て犬が人の命を救う。それを身を持って証明したのがチロリでした。捨てられ、虐待を受けた犬たちは痛みを知っています。痛みを知っているからこそ、苦しんでいる人の心の痛みを共有し、純粋な心で人に接します。

だからこそ人は、セラピードッグから生きる勇気をもらうし、触ろうとして手を伸ばし、いっしょに歩きたいと車イスからたちあがるのです。言葉ばかりが飛びかういまの世の中で、言葉もなく見返りも求めない犬たちの無償の愛情が、つらい心に届くのです。

私は犬たちに対する、だれにも負けない愛情を持っています。どうしてそんなに深い愛情を持つようになったかというと、犬たちと心が通いあうよう

チロリのお別れ会。

になったからです。犬たちという「愛する対象」を見つけ、その犬たちが私に「愛するということ」を教えてくれたのです。

不況のなかで多くの人が苦しむ一方、貧富に関係なく心の病が増え、苦しい立場に追い込まれる人が増えています。ささいなことで行き違いが生じて人間関係につまずいたり、理由もなく仲間はずれにされたり、親や周囲の期待に押しつぶされそうになったり、なんとなく時間を無駄に過ごしている自分に無力感を感じたり、自分は他人より劣っているのではないかと落ち込んだり、いつまでもひとつの失敗を引きずったり、人はさまざまなことで悩みます。この世にはいつまでたっても悩みの種が尽きないのでは、と思うこともしばしばです。

しかし、生きることを絶対にあきらめてはいけないのです。どんな命でも、絶対、だれかが祝福してくれているのです。

私自身もチロリも、数多くの弱点をかかえて生きてきました。辛いとき、私には愛する犬とブルースがありました。しかし、最初はうまくいかないことばかりでした。そんなときでも、くさったり、ふてくされたりはしませんでした。どうしてか？　それでうまくいくことはないからです。向かい風が吹いていても、いつかそれが追い風に変わるときがきます。そのときまで、くさらず、ふてくされず、自分の信じることを続けるのです。

努力を「続けること」、やりたいことを「貫くこと」、それがいつか周囲の人や環境を変えるときがきっときます。

周囲の目や周りの意見に振り回されるのではなく、自分の弱さや弱点を個性ととらえ、顔をあげて進めば、くさることはないのです。いつか、そんな自分が嫌っていた弱点もどんな形で花開くかわかりません。人に勝つ生き方ではなく、人の役に立つ生き方に喜びを求めて生きることのほうが、どれだけ充実しているかわかりません。そのことを、ひとりでも多くのみなさんに感じて欲しいのです。

多くの人や犬に支えられて今日まできた私ですが、いま、ここに至って初めて、てらいや恥ずかしさにとらわれることなく、「愛」や「命」をみなさんに伝えることができます。親子、恋人、友人、隣人との間に育まれる「愛」とは、「命」を「絆」で結ぶことです。「絆」の本来の意味は動物をつなぎとめる綱のことです。それが現在、命あるもの同士を結び付ける意味で使われるようになりました。

それを私は捨て犬のセラピードッグから直接学びました。犬たちを信じきることによって、私は人生のなかで直面した大きな問題を解決することができました。私は、犬たちによって救われたといってもよいでしょう。

生きとし生けるものは、それぞれの生きる意味をもって生まれてきました。だから、まず自分の存在を肯定し、自分を愛し、そして人を愛する。自分自身への愛がしっかりしないと人や動物への愛も揺らいでしまいます。自分を愛し人を愛するところから、人へのやさしさやいつくしみの心が育まれます。自分を愛し、人を愛そうとするところに、いじめや引きこもりを解決する道が拓かれます。

すべての人が自分を愛し人を愛し、動物を家族のように愛することができるのです。多くの人が人に勝つ生き方ではなく、人の役に立つ生き方の喜びを求めて生きるようになり、人間の家族として犬と心を通わせ、必要な教育をし、これまでの「飼育」という発想から「ともに暮らす」という視点でつきあい、殺処分のない人間と犬との新しい関係を築くことができる日を私は夢見ています。

それはけっして実現できない夢ではありません。そんな社会を、3・11の大震災を経験した私たちだからこそ、創りあげることができるのではないでしょうか。

捨て犬のセラピードッグ名犬チロリの記念碑（東京都中央区・築地川銀座公園）。
ここにくれば、いつでもチロリに会えます。

名犬チロリが受賞した「功労賞」「感謝状」

2005年スペシャルオリンピックス冬季世界大会
千葉県知事
東京都中央区長
千葉県松戸市長
静岡県沼津市長
NPO法人 沼津観光協会
NPO しずおかセラピードッグサポートクラブ
社団法人 長野国際親善クラブ
医療法人 雄風会
社会福祉法人 義風会
医療法人社団 三愛会
中央区立 特別養護老人ホーム「マイホームはるみ」
中央区立 特別養護老人ホーム「マイホーム新川」
330－A地区 東京上野南ライオンズクラブ
医療法人社団 昭洋会 介護老人保健施設 ケアポート・田谷
介護付き有料老人ホーム アライブ杉並松庵
日本ヒルズ・コルゲート株式会社
日本歯科大学歯学部 小児歯科学教室同門会
社会福祉法人 シルヴァーウィング
NPO法人 マザールーフ
ウェル・エイジング・プラザ 松戸ニッセイエデンの園

その他、各行政及び養護施設、病院、教育機関より多くの感謝状を授与されました。

国際セラピードッグ協会 名誉セラピードッグ認定1号犬

大木トオルとセラピードッグのあゆみ

1968年　東京日本橋人形町に三代つづく江戸っ子として生まれる。
1973年　12歳のとき父親が事業に失敗して一家離散。愛犬たちと離別。
1974年　大木トオルとザ・サード結成。
1976年　プロデューサーとしてダウンタウン・ブギウギ・バンド、クールスなどをてがける。
1977年　千葉県国立松戸療養所にて結核闘病。
1978年12月　渡米。
1979年4月　NYでトオル・オオキ・ブルースバンド結成。
1979年秋　トオル・オオキ・ブルースバンドを引き連れ、空母ミッドウェイなど在日米軍慰問コンサートツアーのため帰国。
1980年夏　アルバム「マンハッタン・ミッドナイト」レコーディング。米国東部ツアー。
　初の日本公演。東京、名古屋、大阪。その後、イーストコーストをはじめとする全米ツアーを実施。大成功を収める。
　2回目の日本公演。全国七都市。このころ、セラピードッグの育成をスタートし、社会福祉学を学ぶ。

1981年　●アルバート・キングとの奇跡のスーパーセッション・アルバムをリリース。
1983年　●自伝『伝説のイエローブルース』刊行。
1984年　●第6回ミシシッピー・デルタ・ブルース・フェスティバルに、東洋人としてはじめてゲスト出演。
1985年　●全米ツアー開始。各州のミュージック・フェスティバルにゲスト出演。
1987年　●ザ・ナイトホークスを引き連れて4度目の日本公演。
1988年　●日本公演。大木トオル&ベン・E・キング。全国で話題に。
1989年　●ザ・ナイトホークスとともに6度目の日本公演。
1989年　●アメリカ南部コンサートツアー。ミシシッピー・デルタ・ブルース・フェスティバルに3度目の出演。5万人を動員。
1989年　●7度目の日本公演。東京・横浜でクリスマスコンサートに出演。
1990年12月　●8度目の日本公演。
1991年　●第33回グラミー賞スペシャルにNYにてゲスト出演。
1992年　●チロリとの出会い。保護する。
1993年　●ベストアルバム『BEST OF TORU OKI』をリリース。
1996年　●USイーストコーストツアー。
1997年　●秦野章元法務大臣に捨て犬と動物愛護法について直談。
1998年　●超党派各党に動物愛護法について直談。

1999年　●音楽生活30周年アニバーサリー日本ツアー（東京厚生年金ホール他）。ベン・E・キング、エルビン・ビショップ、ザ・ナイトホークス、Char、クールス等がかけつける。30周年アニバーサリーベストアルバム発売。シングル「スイートソウルミュージック」リリース。幻の名盤「大木トオル&アルバート・キング」をCDにて再リリースする。

●『動物愛護法』が改正されて『動物愛護管理法』となる。

2000年　●私財を投じて千葉県松戸市にセラピードッグの訓練所「ユナイテッド　セラピー・ジャパン・トレーニングプラザ」を設立。

2001年　●NYテロ追悼チャリティ・コンサートに東洋人ブルース・シンガーとして唯一人出演。

2002年　●全国的な組織として『国際セラピードッグ協会』設立。

●ピース救助。「Sweet Home Town」リリース。日本公演ツアー、故郷の日本橋人形町水天宮にて凱旋公演。

2003年　●東京都中央区が、区内3ヶ所の特別擁護老人ホームでのセラピードッグ活動のために予算を組む。

●セラピードッグチャリティ・コンサート、スタート

2005年6月　●動物愛護管理法が大幅に改正され、成犬譲渡が可能に。

2006年3月　●セラピードッグ1号犬チロリ（メス推定15歳）、乳がんで死去。

2007年7月　●東京都中央区築地川銀座公園にチロリの銅像が建てられる。

２００８年　●CD「Singin The America」リリース。全国各地でセラピードッグセミナー講演を開始。

２００９年　●『セラピードッグの世界』刊行。

２０１０年11月　●『動物愛護管理法』改正に向け、鳩山由紀夫元総理大臣と直談。

２０１１年　●全国各地の動物愛護センターからの捨て犬救助を続ける。

●日本の刑務所へセラピードッグを導入。

●東日本大震災発生後、石巻市、女川町をはじめとして、被災者へセラピードッグ活動を開始。

２０１１年12月　●被災犬の救助をスタート。

●各県の愛護センターにて人と犬との命の講演をつづける。

２０１２年　●福島をはじめ仮設住宅へのセラピードッグ活動を行政とともに開始。

●被災犬の殺処分対象犬より保護をつづける。

●年間一万二千名の要介護者と障がい者をケアする。

２０１３年　●『日本被災犬終身保護センター』設立へ。

●真の動物愛護法にもとづき殺処分廃止活動をする。

S P E C I A L　T H A N K S

浅野純子／安倍秋一（三共グループ）／飯島紳行／飯塚 傳（編集）／一家明成／生井久美子（朝日新聞）／石井幸二／石井宏宗／石井美帆／石巻市の皆さん／稲垣博司（エイベックス・エンタテインメント㈱顧問）／犬童光範／井上朋子（NHK首都圏放送センター「ひるまえほっと」リポーター）／今井悦子／岩野昌司／生方幸夫（衆議院議員）／梅村 隋／衛 紀生／遠藤良志子（いわき「犬猫を捨てない会」）／大木 勉／緒方伸一（共同通信社）／小川洋子／オーストラリア放送協会／女川町の皆さん／小野國雄／各都道府県の動物愛護センター／川阪進治／川端 潤／環境省／木下洋美／くみあい船舶㈱／㈱健康開発／国際セラピードッグ協会／小島久子／越村義雄（一般社団法人ペットフード協会）／小林 学／斎藤健一郎（朝日新聞）／佐藤秀光／里見 研（読売新聞東京本社）／JCB／重盛永造／社会福祉法人シルヴァーウィング／杉野直道／鈴木一弘・相馬市の皆さん／髙木みき／高山伊久子／武田和彦／武田美千子（エスワン動物専門学校）／竹村愼治（ペットメディカルサポート㈱）／田辺哲也／丹治早智子（東京新聞したまち支局）／椿 清人（日本放送協会）／辻嶋 彰／東京青山ロータリークラブ／徳舛幸子／豊島孝雄／内藤絵美／永田 守（TCエンタテインメント㈱）／夏目増男（編集）／名和川 徹（読売新聞）／南部洋子／日本獣医生命科学大学／日本フィランソロピー協会／人形町商店街協同組合／㈱NOAH COMMUNICATION／㈱ハウスプランニング／萩澤与三郎／鳩山由紀夫（元総理大臣）／早川 猛／原 京子ファミリー／廣田光明／福島県各保健所の皆さん／福島地区のボランティアの皆さん／藤田和夫／布施 広（毎日新聞論説委員）／古本勝美／㈱ベンチャーバンク／本部正孝（㈱キクカワ・福島災害復興支援）・斗聖／町田典子（チロリカフェ［クレアグループ］）／松野頼久（衆議院議員）／松村文衛／水口慶子／三宅健夫／村上恵子／矢崎信二（矢崎総業㈱）／柳内光子／湯川れい子／吉岡利忠（弘前学院大学）／依田 巽／梨香台動物病院／渡邊順子

PHOTO BY

井川俊彦／姫野清司／TOM HAAR／寺島タカシ

（50音順・敬称略）

大木トオル　*Toru Oki*

東京都日本橋人形町生まれ。76年渡米、ニューヨーク在住。日本人ブルースシンガーとして初めてアメリカ永住権を取得。日米のブラックミュージックの架け橋となり、数多くのコンサートツアーを成功させるとともに、プロデューサーとしても多くのアーティストを育てる。同時に、動物愛護家として日米親善に尽くし、動物介在療法のセラピードッグ育成のパイオニアとして70年代より活躍。社会福祉学者（日米）。2002年、全国的な組織として「国際セラピードッグ協会」を設立、代表に就任。A.M.S（アメリカンミュージックシステム）代表、ユナイテッドセラピージャパン inc代表、弘前学院大学客員教授も務める。

著書

『伝説のイエロー・ブルース』（文藝春秋、1983年）
『キラ星たちのレクイエム（鎮魂歌）』（誠文堂新光社、1998年）
『名犬チロリ』（マガジンハウス、2004年）
『アイコンタクト 最強のセラピードッグ～名犬チロリ写真集』
（バットコーポレーション、2006年）
『セラピードッグの世界』（日本経済新聞出版社、2009年）
『名犬チロリ』（岩崎書店、2012年）
『いのちをつなぐ』（岩崎書店、2013年）
『風になった名犬チロリ』（岩崎書店、2013年）
音楽CD多数（ソニーレコード、エイベックスレコード、ドリームミュージックなど）

「大木トオル」「国際セラピードッグ協会」の名をかたって街頭募金を募っている団体があります。私たち「大木トオル」も「国際セラピードッグ協会」も、現在、非公式の街頭募金活動はいっさい行なっておりませんので、ご注意ください。また、本誌の印税は、全額、日本被災犬終身保護センターの設立・運営のために寄付させていただきます。

わがこころの犬たち　—セラピードッグを目指す被災犬たち—

2013年11月22日　第1版第1刷発行

著　　　者　大木トオル
発　行　者　小番伊佐夫
発　行　所　株式会社 三一書房
〒101-0051 東京都千代田区神保町3-1-6
Tel：03-6268-9714(代)
Mail：info@31shobo.com
URL：http://31shobo.com/
装丁・DTP　夏目増男
コンテンツエージェント　東京デジタル出版サービス株式会社
印刷・製本　シナノ印刷株式会社

ISBN978-4-380-13014-4　C0095

あぶないハーブ
——脱法ドラッグ新時代

小森榮弁護士：著 牧野由紀子薬学博士：化学指導◎A5判 12803-5

繁華街の片隅で売られている「合法ハーブ」とは？ 植物乾燥片に化学物質をしみこませたその正体は！

若者たちに蔓延する「合成カンナビノイド」の恐ろしい現実を、医療問題に詳しい弁護士が解説する。

原発事故と被曝労働

被ばく労働を考えるネットワーク編◎A5判 12806-6

「3・11」後の被ばく労働の実態—深刻化する収束・除染作業、拡散する被ばく労働現場からの報告！

◎樋口健二氏推薦
「危機感に裏打ちされた。この全6章は一読に値する」

「被ばく労働問題が正面に据わらない「反原発運動」は偽物だ」

原発と御用学者
——湯川秀樹から吉本隆明まで

土井淑平◎A5判 12807-3

「原子力マフィア」の一角を占める大学や研究機関から、大量の御用学者が排出されている。本書は明治以来の科学と政治の絡み合いを解きほぐしながら、3・11大惨事のあともなお原発に執念を燃やし、猛烈な巻き返しを図っている、電力会社をはじめとする原子力産業、並びに、自民党政権から民主党政権に受け継がれた政府・官庁の同伴者たち、すなわち、日本の科学者と政治家の社会的責任を歴史的観点から追及しようとするものである。

さんいちブックレット　各巻1000円（税別）

さんいちブックレット

原発民衆法廷①

東京公判―福島事故は犯罪だ！　東電・政府の刑事責任を問う

原発民衆法廷②

大阪公判―関電・大飯、美浜、高浜と四電・伊方の再稼働を問う

原発民衆法廷③

郡山公判―福島事故は犯罪だ！　東電・政府、有罪！

原発民衆法廷④

大阪公判―原発は憲法違反だ！　日本に原発は許されない

原発を問う民衆法廷実行委員会 編◎A５判　①12800-4 ②12801-1 ③12802-8 ④12805-9

※以下続刊予定

…この原発民衆法廷は、人類全体の生活・生存を脅かす原発災害を２度と起こさせないために、事故の責任を負うべき指導者を道義的に裁くという点で、これまでの民衆法廷に通じています。これまでの民衆法廷と異なる点は、戦争が対象ではなく、追及すべき対象は広範囲にわたり、しかも責任を負うべき人物の多くが加害者ではなく、被害者のように振る舞っていることです…これらの問題を根本的に解明し、核兵器と原発のない世界を創り出すために、この民衆法廷に知恵を、力を集めてください。民衆法廷の開廷にあたり心からお願い致します。

◎原発民衆法廷判事◎鵜飼哲：岡野八代：田中利幸：前田朗

◎検事団◎河合弘之：田部知江子：中川重徳：上杉崇子：河村健夫：深井剛志

◎アミカスキュリエ◎張界満：井堀哲：長谷川直彦

各巻1000円（税別）

百人百話

——故郷《ふくしま》にとどまる　故郷《ふくしま》を離れる　それぞれの選択

岩上安身◎四六判　12000-8　1700円（税別）

2011年3月11日、東日本を襲った未曽有の大地震と津波。そして福島第一原発事故……。

事故から2年半余りが経過した今も何も変わらない現実。東北、福島の地で暮らしてきた百人、一人ひとりの思いを、IWJ代表 岩上安身がインタビューで紡ぎだす一人語り全百話。第1集発売中。以下続刊予定。

◎第一集　収録インタビュー（全29話）

佐藤 早苗—何でこんなに避難することが難しくなっているのか
長野 寛—失ってわかった、豊かな土地・福島
トシユキ—父ちゃん、なんで福島なの？　俺、結婚できるかな
アンナ—自分が夢を捨てられないんです
紋波 幸太郎—妻の出産、情報に翻弄されて……
鹿目 久美—福島と神奈川、娘と往き来する中で
島村 守彦—とにかく南に逃げろ！　100㎞以上逃げろ！
有馬 克子—なんでこんなに無防備なの？
遠藤 浩二—気がついたら20㎞圏内にいた（DJ mambow）
志田 守—なんでもないことを奪われている
サチコ—メルトダウンて、今さら言われても
種市 靖行—僕だったらヨウ素剤を配っていた
比佐 千春—マスコミと同じく、私自身もなぜか自主規制してしまう
小堀 健太郎—同じサーファーでも、意見も行動も分かれる
齋藤 英子—ママは帰っていわき守って
吉田 幸洋—三代にわたらないと、復興は成しえないんじゃなかろうか
佐々木 慶子—シニアが頑張るしかないんじゃないかな
植木 宏—僕たちは無力じゃない、微力なだけだ
千葉 由美—孤立している人をつなげたい
手塚 雅孔—故郷を廃墟にしたくない
渡部 信一郎—お山というのは自分の命と同じなんだ
佐藤 幸子—戦場の中に子どもを置いてはいけない
宍戸 慈—朝7時、放送が終わった瞬間で泣いているんです
阿部 留美子—「故郷を捨てるのか」と言われながら、避難して……
田口 葉子—3・11まで原発のことは何も知らなかった
高村 美春—お墓は警戒区域内に……、今はお墓参りすらできず
黒田 節子—映像は嘘をつかない、本当に怒ったようには映りませんね
武藤 類子—「見えない柵」が張られている
大塚 愛—つながって生きていればいい